工业和信息化
精品系列教材

单片机应用
技术教程

（基于 Keil 与 Proteus）微课版

张小平 张宗菊 张友刚 ◎主编
曹蕊蕊 张中华 王福龙◎副主编

人民邮电出版社
北 京

图书在版编目（CIP）数据

单片机应用技术教程：基于 Keil 与 Proteus：微课版 / 张小平，张宗菊，张友刚主编. -- 北京：人民邮电出版社，2025. --（工业和信息化精品系列教材）.

ISBN 978-7-115-65655-1

Ⅰ. TP368.1

中国国家版本馆 CIP 数据核字第 2024SN8655 号

内 容 提 要

本书共 10 个项目，各项目分别为认识单片机、单片机常用开发软件、单片机最小系统及 I/O 接口、单片机 C 语言程序设计、单片机的内部资源、单片机的显示、单片机的按键、单片机与 D/A 或 A/D 转换器的结合应用、单片机汇编语言、单片机综合应用实例。本书的编写目标是力求实现原理知识与项目应用实例的紧密结合，使理论与应用兼具，同时体现立德树人、以就业为导向的"双元"育人模式。每个项目由多个任务组成，包括"学习目标""项目导读""任务描述""知识链接""任务实施""任务总结与评价"6 个栏目，学生可根据项目要求，探索、学习、运用相关知识，完成并总结评价项目任务。

本书可作为高等职业院校计算机类、电子信息类、移动通信类、自动化类、机电设备类、新能源汽车类专业的教材，也可作为开放大学、成人教育、自学考试、中职学校和培训班的教材，以及工程技术人员的参考书。

♦ 主　编　张小平　张宗菊　张友刚
　　副 主 编　曹蕊蕊　张中华　王福龙
　　责任编辑　刘　尉
　　责任印制　王　郁　焦志炜

♦ 人民邮电出版社出版发行　　北京市丰台区成寿寺路 11 号
　邮编　100164　　电子邮件　315@ptpress.com.cn
　网址　https://www.ptpress.com.cn
三河市君旺印务有限公司印刷

♦ 开本：787×1092　1/16
　印张：14.5　　　　　　　　2025 年 6 月第 1 版
　字数：325 千字　　　　　　2025 年 6 月河北第 1 次印刷

定价：59.80 元

读者服务热线：(010)81055256　印装质量热线：(010)81055316
反盗版热线：(010)81055315

前　言

单片机技术是现代工业自动化、电子电气、通信及物联网等领域的一门主流技术。单片机作为微型计算机的一个重要分支，凭借其强大的数据处理和计算能力，已在智能电子设备中广泛应用，如智能仪表、实时工控、通信设备、导航系统、家用电器等。

目前，单片机相关课程在各类职业院校的工科类专业中广泛开设，长期以来，该课程存在原理难以理解、设计能力提高难、运用水平低等问题。众多初学者不知道单片机该如何学习。本书提供了一套科学的学习方法和思路，读者按照本书要求去实践，很快就可以掌握单片机的基本理论及简单的实训知识。

本书的主要特点如下。

1. 贴合职业教育改革要求

本书紧跟职业教育"三教改革"发展大势，内容的选取突出行业性、实用性、科学性和操作性，采用企业真实项目任务，贴近职业岗位实际需求，实现单片机教学与职业岗位深度对接。

2. 理论与实践兼顾

学习单片机需要真正掌握其开发原理。部分相关书籍为了实用性等需要，删减大量单片机理论知识，仅仅通过简单开发任务就希望读者能掌握单片机技术，这是达不到学习效果的。本书用较大篇幅对单片机相关的理论知识做了介绍，然后配合相关任务实施，以期达到"知行合一"的效果。为了体现单片机技术的实践性，每个项目的任务实施部分辅导读者实际操作、编程，从而掌握单片机技术。

3. 采用项目教学法

本书共 10 个项目，各项目的编排按照由浅入深、由易到难的顺序，涵盖 MCS-51 系列单片机的主要知识点。

4. 针对当今技术需求，讲解热点知识

本书突出对当今热点知识的讲解，把重点放在定时器、中断、串行通信、键盘、模数转换、各类显示功能等知识的应用上，突出实用性。

本书由重庆安全技术职业学院张小平、张宗菊、张友刚任主编，曹蕊蕊、张中华、王福龙任副主编。本书项目 1、项目 2、项目 6、项目 9 由张小平、张宗菊编写，项目 3～5 由张小平、张友刚编写，项目 7 由张宗菊、曹蕊蕊编写，项目 8 由张宗菊、王福龙编写，项目 10 由张友刚、张中华编写；全书由张小平统稿。在编写过程中，项目的选取、有关素材的提供、项目任务的教学实践，获得重庆三峡职业学院教师钱伟、重庆万州技师学院教师崔海波等的大力支持。同时，中化重庆涪陵化工有限公司工程师李勇、重庆丰都燃气有限责任公司工程师张松对全书的编写思路及实用性等方面提出了宝贵的意见和建议，在此一并表示衷心的感谢。

　　本书的编者都是多年从事单片机原理及应用教学的教师，书中的内容是编者们多年教学经验的积累和总结。但限于编者自身水平，书中仍难免存在不足之处，请广大读者指正和谅解。

编者

2024 年 12 月

目　录

项目 9

单片机汇编语言 ············· 179

项目 10

单片机综合应用实例 ············· 197

参考文献

项目1
认识单片机

01

【学习目标】

知识目标	1. 了解计算机中数值及数制的有关术语，熟悉信息的存储及其单位； 2. 掌握不同数制的相互转换； 3. 掌握原码、反码、补码的求取，以及二进制数的加减运算； 4. 理解字符在计算机内的表示方法； 5. 了解单片机的有关常识； 6. 熟悉 MCS-51 系列单片机的主要产品及特点； 7. 理解 MCS-51 系列单片机的结构原理及工作方式。
能力目标	1. 能将十进制数转换成其他进制数； 2. 能将其他进制数转换成二进制数； 3. 能熟练分析单片机的内部结构框图； 4. 能换算单片机的时间周期。
素质目标	1. 塑造正确的世界观、人生观、价值观； 2. 树立"科技兴则民族兴，科技强则国家强，核心科技是国之重器"的坚定理念； 3. 能够积极主动地参与到未来数字化、智能化信息产业的发展浪潮中； 4. 培养较强的社会责任感和较好的人文科学素养。

【项目导读】

本项目从数和字符等信息在计算机中的表示入手，引入二进制数等概念，介绍不同数制的表示、转换方法及常见 BCD 码；然后从单片机的概念、分类、型号、用途、组成结构、工作原理、接口及存储等方面进行简要介绍，使读者对数制及单片机形成初步的认识。本项目的知识导图如图 1.1 所示。

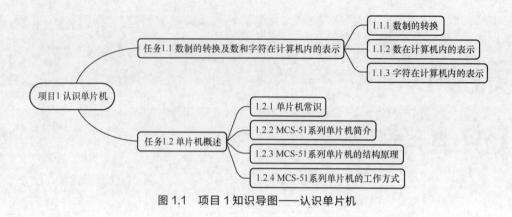

图 1.1　项目 1 知识导图——认识单片机

任务 1.1　数制的转换及数和字符在计算机内的表示

【任务描述】

目前的计算机设备主要是数字式设备，其内部存储、运算的都是二进制数。本任务要求读者理解二进制数在计算机内的表示方法，掌握十进制数、十六进制数转换成二进制数的方法，掌握不同码制的定义及转换关系，了解 BCD 码、ASCII 等知识。

【知识链接】

计算机是能够对输入的信息进行加工处理、存储并能按要求输出结果的电子设备，又称为信息处理机。现在使用的计算机按照冯·诺依曼结构存储程序，程序的执行基于二进制数进行。任何信息，不管是数字还是字符，在计算机中都是以二进制的形式进行表示和处理的。

计算机的主要功能是数值计算和数据处理，所以计算机首先需要在内部存储和表示数据。现代计算机数据具有数字、文本、声音、图像、视频等多种形式，但在计算机内部，数据只能以二进制形式表示。计算机内部使用低电平表示二进制中的数值 0，使用高电平表示二进制中的数值 1。一般规定低电平范围为 0 ~ 0.25V，高电平范围为 3.5 ~ 5V。在学习计算机内部信息的处理、表示之前，先来了解一下计算机中信息的表示。

1.1.1　数制的转换

数制指采用一组固定数码和统一规则来表示数值的方法。进位的规则称为进位制。在日常生活中，人们习惯使用十进制数。在计算机内部，使用二进制数表示数据。但二进制数不便识记，为了编程等方便，人们常用八进制数、十六进制数来表示二进制数。十进制：数码包括 0、1、2、3、4、5、6、7、8 和 9，基数为 10，其值可以用后缀字母 D 表示，如 19D。二进制：数码包括 0 和 1，基数为 2，其值可用后缀字母 B 表示，如 1011B。八进制：数码包括 0、1、2、3、4、5、6 和 7，基数为 8，其值可用后缀字母 O 表示，如 17O。十六进制：数码包括 0、1、2、3、4、5、6、7、8、9、A（10）、B（11）、C（12）、D（13）、E（14）和 F（15），基数为 16，其值可用后缀字母 H 表示，如 1FH。

1.1.1

各种数制可以相互转换，将其数值转换为十进制数时可表示为下面的按位权展开表达式（1-1）。

$$(D)_R = \sum_{i=0}^{n} a_i R^i = a_n R^n + a_{n-1} R^{n-1} + \cdots + a_0 R^0 \tag{1-1}$$

其中，D 可以是各种数制的数，R 为基数，a_i 为数值第 i 位上的权值，R^i 为数值第 i 位上的权。在将 R 进制的数转换为十进制数时，可按照上面的公式进行计算。

1. 非十进制数转换为十进制数

将二进制数、八进制数和十六进制数等转换为十进制数，可按位权展开式进行计算。

二进制数转换为十进制数：

$$(1101)_2 = (1 \times 2^3 + 1 \times 2^2 + 0 \times 2^1 + 1 \times 2^0)_{10} = (8 + 4 + 0 + 1)_{10} = (13)_{10}$$

八进制数转换为十进制数：

$$(123)_8 = (1 \times 8^2 + 2 \times 8^1 + 3 \times 8^0)_{10} = (64 + 16 + 3)_{10} = (83)_{10}$$

十六进制数转换为十进制数：

$$(12B)_{16} = (1 \times 16^2 + 2 \times 16^1 + 11 \times 16^0)_{10} = (256 + 32 + 11)_{10} = (299)_{10}$$

$$1F3DH = (1 \times 16^3 + 15 \times 16^2 + 3 \times 16^1 + 13 \times 16^0)_{10} = (4096 + 3840 + 48 + 13)_{10} = (7997)_{10}$$

2. 十进制数转换为其他进制数

将十进制数转换为其他进制数，可将数值的整数部分和小数部分分别进行转换。十进制数整数部分转换为 R 进制数，采用"除 R 取余数，直到商为 0"的方法。十进制数小数部分转换为 R 进制数，采用"乘 R 取整，直到小数部分为 0"的方法。

例如，十进制数转换成二进制数，以十进制数 13.625 转换为二进制数的计算过程为例，整数部分的计算如图 1.2 所示，小数部分的计算如图 1.3 所示。

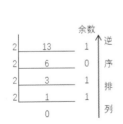

图 1.2　整数部分的计算

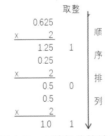

图 1.3　小数部分的计算

经计算可得，$(13.625)_{10} = (1101.101)_2$。

3. 二进制数与八进制数的相互转换

二进制数和八进制数的对应关系如表 1.1 所示。

表 1.1　二进制数和八进制数的对应关系

二进制数	八进制数	二进制数	八进制数
000	0	100	4
001	1	101	5
010	2	110	6
011	3	111	7

1 位八进制数最多可用 3 位二进制数表示。在将二进制数转换为八进制数时，可从小数点开始，按"3 位一组"的原则将数码分组。整数部分，从右向左，不足 3 位的在高位补 0；小数部分，从左向右，不足 3 位的在低位补 0。然后将每组中的二进制数替换为对应的八进制数。

例如，将二进制数 11010101.1101 转换为八进制数的过程如下。

011 010 101.110 100

　　3　　2　　5.　6　　4

所以$(11010101.1101)_2=(325.64)_8$

八进制数转换为二进制数，将每个八进制数码转换为对应的 3 位二进制数即可，示例如下。

$(235.46)_8=(010011101.100110)_2$

4．二进制数与十六进制数的相互转换

二进制数和十六进制数的对应关系如表 1.2 所示。

表 1.2　二进制数和十六进制数的对应关系

二进制数	十六进制数	二进制数	十六进制数
0000	0	1000	8
0001	1	1001	9
0010	2	1010	A
0011	3	1011	B
0100	4	1100	C
0101	5	1101	D
0110	6	1110	E
0111	7	1111	F

1 位十六进制数最多可用 4 位二进制数表示。在将二进制数转换为十六进制数时，可从小数点开始，按"4 位一组"的原则将数码分组。整数部分，从右向左，不足 4 位的在高位补 0；小数部分，从左向右，不足 4 位的在低位补 0。然后将每组中的二进制数替换为对应的十六进制数。

例如，将二进制数 110100101.10101 转换为十六进制数的过程如下。

0001 1010 0101.1010 1000

　　1　A　5.　A　8

所以$(110100101.10101)_2=(1A5.A8)_{16}$

十六进制数转换为二进制数，将每个十六进制数码转换为对应的 4 位二进制数即可，示例如下。

$(23B.F6)_{16}=(001000111011.11110110)_2$

$(3AC8)_{16}=(0011101011001000)_2$

1.1.2 数在计算机内的表示

计算机中的数通常有两种：无符号数和有符号数。无符号数由于不带符号，表示时比较简单，直接用它对应的二进制编码表示。例如，假设机器字长为 8 位，123 则表示成 01111011B。有符号数带有正负号，通常，在计算机中表示有符号数时，在数的前面加一位作为符号位。正数表示为 0、负数表示为 1，其余的位用以表示数值的大小。这种连同符号位的数称为机器数，它的数值称为机器数的真值。

1.1.2

机器数在计算机中有 3 种表示法：原码、反码和补码。

1. 原码

原码的最高位为符号位（正数用 0 表示、负数用 1 表示），其余的位用于表示数的绝对值。

对于一个 n 位的二进制数，它的原码表示范围为 $-(2^{n-1}-1) \sim (2^{n-1}-1)$。例如，如果用 8 位二进制表示原码，则数的范围为 $-127 \sim 127$。采用原码表示时，假设机器字长为 8 位，-0 的编码为 10000000，$+0$ 的编码为 00000000。

例 1-1 求 $+67$、-25 的原码（机器字长 8 位）。

因为 $|+67|=67=1000011B$

$|-25|=25=11001B$

所以 $[+67]_原=01000011B$

$[-25]_原=10011001B$

2. 反码

反码的最高位为符号位，正数用 0 表示、负数用 1 表示。正数的反码与原码相同，而负数的反码可在原码的基础之上符号位不变、其余位取反得到。

对于一个 n 位的二进制数，它的反码表示范围为 $-(2^{n-1}-1) \sim (2^{n-1}-1)$。对于 0，假设机器字长为 8 位，$-0$ 的反码为 11111111B，$+0$ 的反码为 00000000B。

例 1-2 求 $+67$、-25 的反码（机器字长 8 位）。

因为 $[+67]_原=01000011B$

$[-25]_原=10011001B$

所以 $[+67]_反=01000011B$

$[-25]_反=11100110B$

3. 补码

补码的最高位为符号位，正数用 0 表示、负数用 1 表示。正数的补码与原码相同，而负数的补码可在原码的基础之上符号位不变、其余位取反、末位加 1 得到。

对于一个负数 X，X 的补码也可用 2^n-X 得到，其中 n 为机器字长。

例 1-3 求+67、−25 的补码（机器字长 8 位）。

因为[+67]$_原$=01000011B

[−25]$_原$=10011001B

所以[+67]$_补$=01000011B

[−25]$_补$=11100111B

另外，对于负数的补码，也可用求补运算求得。负数的求补运算：先求出其对应的正数的二进制数，然后将该二进制数符号位和数值位一起取反，末位加 1，即得到负数的补码。

例 1-4 已知+25 的补码为 00011001B，用求补运算求−25 的补码。

因为[25]$_补$=00011001B

所以[−25]$_补$=11100110+1=11100111B

对于一个 n 位的二进制，它的补码表示范围为$-2^{n-1} \sim (2^{n-1}-1)$。采用补码表示时，对于 0，−0 和+0 的补码是相同的，假设机器字长为 8 位，则 0 的补码为 00000000B。

4．补码的加减运算

补码的加法运算规则：$[X+Y]_补=[X]_补+[Y]_补$

$$[X-Y]_补=[X]_补+[-Y]_补$$

例 1-5 假设机器字长为 8 位，完成下列补码运算。

（1）[25+32]$_补$

[25]$_补$=00011001B　　[32]$_补$=00100000B

[25]$_补$+[32]$_补$=00011001 + 00100000=00111001B

所以[25+32]$_补$=[25]$_补$+[32]$_补$=00111001B=[57]$_补$

（2）[25+(−32)]$_补$

[25]$_补$=0011001B　　[−32]$_补$=11100000B

[25]$_补$+[−32]$_补$=00011001 + 11100000=11111001B

所以[25+(−32)]$_补$=[25]$_补$+[−32]$_补$=11111001B=[−7]$_补$

（3）[25−32]$_补$

[25]$_补$=0011001B　　[−32]$_补$=11100000B

[25]$_补$+[−32]$_补$=00011001 + 11100000=11111001B

所以[25−32]$_补$=[25]$_补$+[−32]$_补$=11111001B=[−7]$_补$

（4）[25−(−32)]$_补$

[25]$_补$=00011001B　　[32]$_补$=00100000B

[25]$_补$+[32]$_补$=00011001 + 00100000=00111001B

所以[25−(−32)]$_补$=[25+32]$_补$=[25]$_补$+[32]$_补$=00111001B=[57]$_补$

5．十进制数的表示

十进制编码又称为 BCD 码，分压缩 BCD 码和非压缩 BCD 码。压缩 BCD 码又称为 8421 码，它用 4 位二进制编码来表示 1 位十进制符号，压缩 BCD 编码表如表 1.3 所示。例如，十进制数 124 的压缩 BCD 码为 0001 0010 0100，十进制数 4.56 的压缩 BCD 码为 0100.0101 0110。

表 1.3 压缩 BCD 编码表

十进制符号	压缩 BCD 码	十进制符号	压缩 BCD 码
0	0000	5	0101
1	0001	6	0110
2	0010	7	0111
3	0011	8	1000
4	0100	9	1001

非压缩 BCD 码用 8 位二进制编码来表示 1 位十进制符号，其中低 4 位二进制编码与压缩 BCD 码相同，高 4 位任取。例如，十进制数 124 的非压缩 BCD 码为 0011 0001 0011 0010 0011 0100。

1.1.3 字符在计算机内的表示

现在的计算机中字符数据的编码通常采用的是 ASCII（American Standard Code for Information Interchange，美国信息交换标准码）。基本 ASCII 标准定义了 128 个字符，用 7 位二进制来编码，包括英文大写字母共 26 个、小写字母共 26 个、数字符号 0~9 共 10 个，还有一些专用符号（如 ":" "!" "%"）及控制符号（如换行、换页、回车等），常用字符的 ASCII 如表 1.4 所示。

表 1.4 常用字符的 ASCII

字符	ASCII	字符	ASCII	字符	ASCII	字符	ASCII	字符	ASCII
NUL	00	.	2F	C	43	W	57	k	6B
BEL	07	0	30	D	44	X	58	l	6C
LF	0A	1	31	E	45	Y	59	m	6D
FF	0C	2	32	F	46	Z	5A	n	6E
CR	0D	3	33	G	47	[	5B	o	6F
SP	20	4	34	H	48	\	5C	p	70
!	21	5	35	I	49	]	5D	q	71
"	22	6	36	J	4A	↑	5E	r	72
#	23	7	37	K	4B	'	5F	s	73
$	24	8	36	L	4C	←	60	t	74
%	25	9	39	M	4D	a	61	u	75
&	26	:	3A	N	4E	b	62	v	76
'	27	;	3B	O	4F	c	63	w	77
(	28	<	3C	P	50	d	64	x	78
)	29	=	3D	Q	51	e	65	y	79
*	2A	>	3E	R	52	f	66	z	7A
+	2B	?	3F	S	53	g	67	{	7B
,	2C	@	40	T	54	h	68	|	7C
–	2D	A	41	U	55	i	69	}	7D
/	2E	B	42	V	56	j	6A	~	7E

上述信息在计算机内进行存储，涉及的数据单位有位、字节、字长等。

位（bit）：表示 1 位二进制数，是计算机的最小数据存储单位。

字节（Byte，B）：表示 8 位二进制数，是计算机中数据表示的基本单位。1B=8bit。

字长：字长是计算机一次能够同时处理的二进制数的位数。字长是计算机的一个重要性能指标。计算机的字长（机器字长）通常为字节的整数倍，如 8 位、16 位、32 位、64 位等。

计算机中，常用 B、KB（千字节）、MB（兆字节）、GB（吉字节）或 TB（太字节）表示存储单位。

各存储单位换算关系如下。

$1KB=1024B=2^{10}B$；$1MB=1024KB=2^{20}B$；$1GB=1024MB=2^{30}B$；$1TB=1024GB=2^{40}B$。

【任务实施】

1. 将十进制数转换为二进制数

255D=11111111B

365D=101101101B

1024D=10000000000B

2. 将十进制数转换为十六进制数

255D=ffH

365D=16dH

1024D=400H

3. 二进制数求和

101100011B+101101101B=1011010000B

【任务总结与评价】

1. 任务总结

可以采用短除法或直接用软件查询不同数字的转换值，特别注意查询得到的值的后缀字母，如二进制数后缀为 B、十六进制数后缀为 H、十进制数后缀为 D。

2. 任务评价

本任务的考核评价体系如表 1.5 所示。

表 1.5　任务 1.1 考核评价体系

班　　级		项目任务			
姓　　名		教　　师			
学　　期		评分日期			
评分内容（满分 100 分）			学生自评	同学互评	教师评价
专业技能（70 分）	理论知识（60 分）				
	任务汇报（10 分）				
综合素养（30 分）	遵守现场操作的职业规范（10 分）				
	信息获取的能力（10 分）				
	团队合作精神（10 分）				
各项得分					
综合得分（学生自评 30%，同学互评 30%、教师评价 40%）					

任务 1.2　单片机概述

【任务描述】

本任务要求根据单片机的基本知识、组成结构、工作原理、引脚接口等识别 MCS-51 系列单片机实物芯片，并指出各引脚功能及特点，为后续运用单片机打下基础。

【知识链接】

自第一台电子计算机诞生后，随着超大规模集成电路的出现，计算机的运算器和控制器集成在一块半导体芯片上逐渐成为一种主流趋势。同时，为了满足各种测试和控制领域的需要，单片微型计算机应运而生。

1.2.1　单片机常识

单片机属于微型计算机的一种，是把微型计算机中的微处理器、存储器、I/O（输入/输出）接口、定时/计数器、串行接口、中断系统等电路集成在一块集成电路芯片上形成的微型计算机，因而被称为单片微型计算机，简称单片机。

1. 单片机的主要特点

（1）在存储器结构上，单片机的存储器采用哈佛（Harvard）结构。ROM（只读存储器）和 RAM（随机存储器）是严格分开的。ROM 为程序存储器，只存放程序、固定常数和数据表格。RAM 则为数据存储器，用作工作区及存放数据。

（2）在芯片引脚上，大部分采用分时复用技术。

（3）内部资源的访问通过特殊功能寄存器（SFR）实现。

（4）采用面向控制的指令系统。

（5）内部一般都集成一个全双工的串行接口。

（6）有很强的外部扩展能力。

2. 单片机主要种类

单片机有 4 位单片机、8 位单片机、16 位单片机、32 位单片机之分。1978 年以前，各厂家生产的 8 位单片机由于集成度的限制，一般都没有串行接口，只提供较小寻址空间（小于 8KB），性能相对较低，称为低档 8 位单片机。1978 年以后，集成电路水平提高，出现了一些高性能的 8 位单片机，它们的寻址能力达到了 64KB，片内集成了 4～8KB 的 ROM，片内除了带并行 I/O 接口外，还有串行 I/O 接口，甚至有些还集成了 A/D（模数）转换器，这类单片机称为高档 8 位单片机。

单片机的应用领域主要有：（1）工业自动化控制；（2）智能仪器仪表；（3）计算机外部设备和智能接口；（4）家用电器。

1.2.2　MCS-51 系列单片机简介

MCS-51 系列单片机（后文也称 51 系列单片机或 51 单片机）是美国 Intel 公司在 1980

年推出的高性能 8 位单片机，它包含 51 和 52 两个子系列。

51 子系列主要有 8031、8051、8751 这 3 种机型，它们的指令系统与芯片引脚完全兼容，仅片内 ROM 有所不同。8031 芯片不带 ROM，8051 芯片带 4KB 的 ROM，8751 芯片带 4KB 的 EPROM（可擦可编程只读存储器）。

51 子系列的主要特点为：8 位 CPU（中央处理器）；片内带振荡器，频率范围为 1.2MHz～12MHz；片内带 128 字节的 RAM；片内带 4KB 的 ROM；ROM 的寻址空间为 64KB；片外 RAM 的寻址空间为 64KB；128 个用户位寻址空间；21 字节特殊功能寄存器；4 个 8 位的并行 I/O 接口——P0、P1、P2、P3；2 个 16 位定时/计数器；5 个中断源（但只能设置两个优先级）；1 个全双工的串行 I/O 接口，可多机通信；111 条指令，含乘法指令和除法指令；片内采用单总线结构；有较强的位处理能力；采用单一+5V 电源。

52 子系列有 8032、8052、8752 这 3 种机型。52 子系列与 51 子系列在许多方面都相同，不同之处在于：片内 RAM 增至 256 字节；8032 芯片不带 ROM，8052 芯片带 8KB 的 ROM，8752 芯片带 8KB 的 EPROM；3 个 16 位定时/计数器；6 个中断源。

1.2.3 MCS-51 系列单片机的结构原理

1. MCS-51 系列单片机的基本组成

1.2.3

MCS-51 系列单片机的芯片有多种类型，但各种类型的基本组成相同，主要由 CPU、存储器系统（RAM 和 ROM/EPROM）、定时 / 计数器、并行接口、串行接口、中断系统、时钟电路等组成。MCS-51 系列单片机的基本组成如图 1.4 所示。

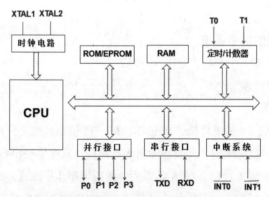

图 1.4　MCS-51 系列单片机的基本组成

2. MCS-51 系列单片机的内部结构

MCS-51 系列单片机的内部结构框图如图 1.5 所示，各部件通过内部总线紧密地联系在一起。单片机内部的总体结构仍是通用 CPU 加上外围芯片的总线结构，只是在功能部件的控制上，一般微机采用通用寄存器与接口寄存器进行控制，而单片机的 CPU 与外设的控制不分开，采用特殊功能寄存器集中控制，这样使用更方便。另外，单片机内部还集成了时钟电路，只需外接晶振就可形成时钟。需要注意，8031 和 8032 内部没有集成 ROM。

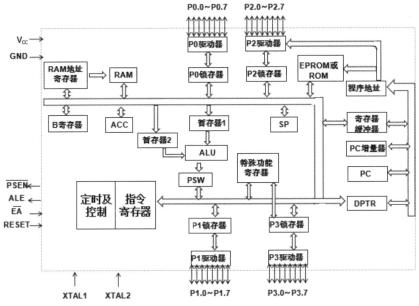

图 1.5 MCS-51 系列单片机的内部结构框图

3. MCS-51 系列单片机的中央处理器（CPU）

（1）运算部件

运算部件以 ALU（算术逻辑部件）为核心，包含 ACC（累加器）、B 寄存器、标志寄存器 PSW 等许多部件，它能实现算术运算、逻辑运算、位运算、数据传输等。

ALU 是一个 8 位的运算器，它不仅可以完成 8 位二进制数据加、减、乘、除等基本的算术运算，还可以完成 8 位二进制数据逻辑"与""或""异或""循环移位""求补""清零"等逻辑运算，并具有数据传输、程序转移等功能。ALU 还有一个一般微型计算机没有的位运算器，它可以对 1 位二进制数据进行置位、清零、求反、测试转移及位逻辑"与""或"等处理。

ACC（常称为累加器 A）是一个 8 位的寄存器，它是 CPU 中使用最频繁的寄存器。ALU 进行运算时，数据绝大多数时候都来自累加器 A，运算结果通常也送回累加器 A。

B 寄存器称为辅助寄存器，它是为乘法和除法指令而设置的。在进行乘法运算前，累加器 A 和 B 寄存器存放乘数和被乘数，运算完成后，通过 B 寄存器和累加器 A 存放结果。在进行除法运算前，累加器 A 和 B 寄存器存入被除数和除数，运算后存放商和余数。

标志寄存器 PSW 是一个 8 位的寄存器，它用于保存指令执行结果的状态，以供程序查询和判别。标志寄存器 PSW 各位的情况如表 1.6 所示。

表 1.6　标志寄存器 PSW 各位的情况

D7	D6	D5	D4	D3	D2	D1	D0
C	AC	F0	RS1	RS0	OV	—	P

C（PSW.7）：进位标志位。

AC（PSW.6）：辅助进位标志位。

F0（PSW.5）：用户标志位。

RS1、RS0（PSW.4、PSW.3）：寄存器组选择位，选择情况如表 1.7 所示。

OV（PSW.2）：溢出标志位。

P（PSW.0）：奇偶标志位。若累加器 A 中 1 的个数为奇数，则 P 置位；若累加器 A 中 1 的个数为偶数，则 P 清零。

表 1.7　RS1 和 RS0 工作寄存器组的选择

RS1	RS0	工作寄存器组
0	0	0 组（00H～07H）
0	1	1 组（08H～0FH）
1	0	2 组（10H～17H）
1	1	3 组（18H～1FH）

（2）控制部件

控制部件是单片机的控制中心，它包括定时及控制电路、指令寄存器、指令译码器、PC（程序计数器）、SP（堆栈指针）、DPTR（数据指针），以及信息传送控制部件等。它先以振荡信号为基准产生 CPU 的时序，从 ROM 中取出指令到指令寄存器，然后在指令译码器中对指令进行译码，产生指令执行所需的各种控制信号，送到单片机内部的各功能部件，指挥各功能部件进行相应的操作，实现对应的功能。

4. MCS-51 系列单片机的存储器结构

MCS-51 系列单片机的存储器结构与一般微机不同，分为程序存储器（ROM）和数据存储器（RAM）。程序存储器存放程序、固定常数和数据表格，数据存储器用作工作区及存放数据。

（1）程序存储器

MCS-51 系列单片机的程序存储器从物理结构上分为片内 ROM 和片外 ROM，如图 1.6 所示。而对于片内 ROM，在 MCS-51 系列中，不同的芯片各不相同。8031 和 8032 内部没有 ROM，8051 内部有 4KB ROM，8751 内部有 4KB EPROM，8052 内部有 8KB ROM，8752 内部有 8KB EPROM。对于内部没有 ROM 的 8031 和 8032，工作时只能扩展外部 ROM，最多可扩展 64KB，地址范围为 0000H～FFFFH。

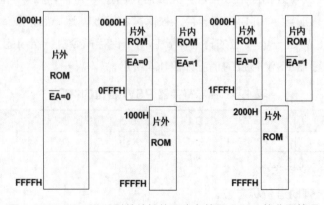

图 1.6　MCS-51 系列单片机的程序存储器 ROM 的分配情况

对于内部有 ROM 的芯片，根据情况也可以扩展外部 ROM，但内部 ROM 和外部 ROM 共用 64KB 存储空间，其中，片内 ROM 地址空间和片外 ROM 的低地址空间重叠。51 子系列重叠区域为 0000H～0FFFH，52 子系列重叠区域为 0000H～1FFFH。

MCS-51 系列单片机复位后 PC 的内容为 0000H，故单片机复位后将从 0000H 单元开始执行程序。程序存储器的 0000H 单元地址是系统程序的启动地址，此处用户一般放一条绝对转移指令，用于转移到后面的用户程序。6 个中断源的地址之间仅隔 8 个单元，存放中断服务程序往往不够用，这时通常放一条绝对转移指令，以转移到真正的中断服务程序，真正的中断服务程序放到后面。

（2）数据存储器

MCS-51 系列单片机的数据存储器从物理结构上分为片内 RAM 和片外 RAM。

① 片内 RAM。

MCS-51 系列单片机片内 RAM 按功能分成工作寄存器组区、位寻址区、一般 RAM 区和特殊功能寄存器（SFR）区，具体分配情况如图 1.7 所示。对于 51 子系列，工作寄存器组区、位寻址区、一般 RAM 区共占 128 字节，编址为 00H～7FH；特殊功能寄存器区也占 128 字节，编址为 80H～FFH；二者连续不重叠。对于 52 子系列，工作寄存器组区、位寻址区、一般 RAM 区共占 256 字节，编址为 00H～FFH；特殊功能寄存器区有 128 字节，编址为 80H～FFH；后者与前者的后 128 字节编址是重叠的，访问时通过不同的指令区分。

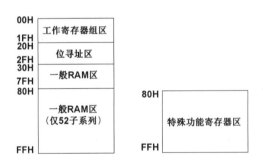

图 1.7　片内数据存储器 RAM 的分配情况

工作寄存器组区：00H～1FH 单元为工作寄存器组区，共 32 字节。工作寄存器也称为通用寄存器，用于临时寄存 8 位信息。工作寄存器共有 4 组，称为 0 组、1 组、2 组和 3 组，每组 8 个，分别依次用 R0～R7 表示。

位寻址区：20H～2FH 为位寻址区，共 16 字节，128 位。这 128 位的每位都可以按位方式使用，每一位都有一个位地址，位地址范围为 00H～7FH，具体情况如表 1.8 所示。

表 1.8　位寻址区地址表

字节单元地址	D7	D6	D5	D4	D3	D2	D1	D0
20H	07	06	05	04	03	02	01	00
21H	0F	0E	0D	0C	0B	0A	09	08
22H	17	16	15	14	13	12	11	10

字节单元地址	D7	D6	D5	D4	D3	D2	D1	D0
23H	1F	1E	1D	1C	1B	1A	19	18
24H	27	26	25	24	23	22	21	20
25H	2F	2E	2D	2C	2B	2A	29	28
26H	37	36	35	34	33	32	31	30
27H	3F	3E	3D	3C	3B	3A	39	38
28H	47	46	45	44	43	42	41	40
29H	4F	4E	4D	4C	4B	4A	49	48
2AH	57	56	55	54	53	52	51	50
2BH	5F	5E	5D	5C	5B	5A	59	58
2CH	67	66	65	64	63	62	61	60
2DH	6F	6E	6D	6C	6B	6A	69	68
2EH	77	76	75	74	73	72	71	70
2FH	7F	7E	7D	7C	7B	7A	79	78

一般 RAM 区：对于 51 子系列，一般 RAM 区为 30H～7FH，也称为用户 RAM 区，共 80 字节；对于 52 子系列，一般 RAM 区为 30H～FFH。另外，对于前两区中未用的单元也可作为用户 RAM 单元使用。

特殊功能寄存器区：特殊功能寄存器（SFR）也称专用寄存器，专门用于控制和管理片内算术逻辑部件、并行 I/O 接口、串行口、定时/计数器、中断系统等功能模块的工作，用户在编程时可以给其设定值，但不能移作他用。特殊功能寄存器分布在 80H～FFH 地址空间，与片内数据存储器统一编址，除 PC 外，51 子系列有 18 个特殊功能寄存器，其中 3 个为双字节，共占用 21 字节；52 子系列有 21 个特殊寄存器，其中 5 个为双字节，共占用 26 字节。特殊功能寄存器的名称、符号及地址情况如表 1.9 所示。

表 1.9　特殊功能寄存器名称、符号及地址

特殊功能寄存器名称	符号	地址	位地址与位名称							
			D7	D6	D5	D4	D3	D2	D1	D0
P0 口	P0	80H	87	86	85	84	83	82	81	80
堆栈指针	SP	81H								
数据指针低字节	DPL	82H								
数据指针高字节	DPH	83H								
定时/计数器控制	TCON	88H	TF1 8F	TR1 8E	TF0 8D	TR0 8C	IE1 8B	IT1 8A	IE0 89	IT0 88
定时/计数器方式	TMOD	89H	GATE	C/T	M1	M0	GATE	C/T	M1	M0
定时/计数器 T0 低字节	TL0	8AH								
定时/计数器 T0 高字节	TH0	8CH								
定时/计数器 T1 低字节	TL1	8BH								

续表

特殊功能寄存器名称	符号	地址	位地址与位名称							
			D7	D6	D5	D4	D3	D2	D1	D0
定时/计数器 T1 高字节	TH1	8DH								
P1 口	P1	90H	97	96	95	94	93	92	91	90
电源控制	PCON	87H	SMOD				GF1	GF0	PD	IDL
串行口控制	SCON	98H	SM0 9F	SM1 9E	SM0 9D	REN 9C	TBS 9B	RB8 9A	TI 99	RI 98
串行口数据	SBUF	99H								
P2 口	P2	A0H	A7	A6	A5	A4	A3	A2	A1	A0
中断允许控制	IE	A8H	EA AF		ET2 AD	ES AC	ET1 AB	EX1 AA	ET0 A9	EX0 A8
P3 口	P3	B0H	B7	B6	B5	B4	B3	B2	B1	B0
中断优先级控制	IP	B8H			PT2 BD	PS BC	PT1 BB	PX1 BA	PT0 B9	PX0 B8
定时/计数器 T2 控制	T2CON	C8H	TF2 CF	EXF2 CE	RCLK CD	TCLK CC	EXEN2 CB	TR2 CA	C/T2 C9	CP/RL2 C8
定时/计数器 T2 重装低字节	RLDL	CAH								
定时/计数器 T2 重装高字节	RLDH	CBH								
定时/计数器 T2 低字节	TL2	CCH								
定时/计数器 T2 高字节	TH2	CDH								
程序状态寄存器	PSW	D0H	C D7	AC D6	F0 D5	RS1 D4	RS0 D3	OV D2	D1	P D0
累加器 A	A	E0H	E7	E6	E5	E4	E3	E2	E1	E0
B 寄存器	B	F0H	F7	F6	F5	F4	F3	F2	F1	F0

特殊功能寄存器分类说明具体如下。

CPU 专用寄存器：累加器 A（E0H），B 寄存器（F0H），程序状态寄存器 PSW（D0H），堆栈指针 SP（81H），数据指针 DPTR（82H、83H）。

P0 口~P3 口：P0 口（80H），P1 口（90H），P2 口（A0H），P3 口（B0H）。

串行口：串行口控制 SCON（98H），串行口数据 SBUF（99H）。

电源控制：电源控制 PCON（87H）。

中断相关寄存器：中断允许控制 IE（A8H），中断优先级控制 IP（B8H）。

定时/计数器 T0 相关寄存器：定时/计数器控制 TCON（88H），定时/计数器方式 TMOD（89H），定时/计数器 T0 高字节和低字节初值寄存器 TH0、TL0（8CH、8AH）。

定时/计数器 T1 相关寄存器：定时/计数器控制 TCON（88H），定时/计数器方式 TMOD（89H），定时/计数器 T1 高字节和低字节初值寄存器 TH1、TL1（8DH、8BH）。

定时/计数器 T2 相关寄存器：定时/计数器 T2 控制 T2CON（C8H），定时/计数器 T2 重装低字节 RLDL（CAH），定时/计数器 T2 重装高字节 RLDH（CBH），定时/计数器 T2 高字节和低字节初值寄存器 TH2、TL2（CDH、CCH）（仅 52 子系列有）。

在表 1.9 中，带有位地址或位名称的特殊功能寄存器，既能按字节方式处理，也能按位方式处理。

② 片外 RAM。

MCS-51 系列单片机片内有 128 字节或 256 字节的 RAM，当这些 RAM 不够时，可扩展外部 RAM。扩展的外部 RAM 最多 64KB，地址范围为 0000H～0FFFFH，通过 DPTR 间接访问，对于低端的 256 字节，可用两位十六进制地址编址，地址范围为 00H～0FFH，可通过 R0 和 R1 间接访问。另外，扩展的外部设备占用片外 RAM 空间，通过访问片外 RAM 的方式访问。

需要指出的是：第一，64KB 的 ROM 和 64KB 的片外 RAM 地址空间都为 0000H～0FFFFH，地址空间是重叠的，如何区分呢？MCS-51 系列单片机是通过不同的信号来对片外 RAM 和 ROM 进行读、写的，片外 RAM 的读、写通过 RD 和 WR 信号来控制；而 ROM 的读通过 PSEN 信号控制，通过不同的指令来实现，片外 RAM 用 MOVX 指令，ROM 用 MOVC 指令。

第二，片内 RAM 和片外 RAM 低 256 字节的地址空间是重叠的，如何区分呢？片内 RAM 和片外 RAM 的低 256 字节通过不同的指令访问，片内 RAM 用 MOV 指令，片外 RAM 用 MOVX 指令，因此在访问时不会产生混乱。

1.2.4 MCS-51 系列单片机的工作方式

1. 复位方式

计算机在启动运行时都需要复位，复位是使中央处理器（CPU）和内部其他部件处于一个确定的初始状态，从这个状态开始工作。

MCS-51 系列单片机有一个复位引脚 RST，高电平有效。在时钟电路工作以后，当外部电路使得 RST 端出现两个机器周期（24 个时钟周期）以上的高电平时，系统内部复位。复位有两种方式，上电复位和按钮复位，如图 1.8 所示。

1.2.4

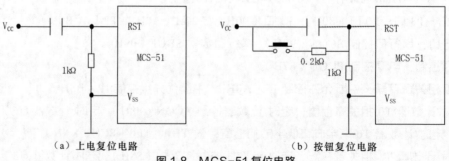

（a）上电复位电路　　　　　　　　　　（b）按钮复位电路

图 1.8　MCS-51 复位电路

只要 RST 保持高电平，MCS-51 系列单片机将循环复位。复位期间，ALE、$\overline{\text{PSEN}}$ 输出高电平。RST 从高电平变为低电平后，PC 指针变为 0000H，使单片机从 ROM 地址为 0000H 的单元开始执行程序。复位后，内部寄存器的初始内容如表 1.10 所示。当单片机执行程序出错或进入死循环时，也可按复位按钮重新启动。

表 1.10　复位后内部寄存器的初始内容

特殊功能寄存器	初始内容	特殊功能寄存器	初始内容
A	0000H	TMOD	00H
PC	0000H	TCON	00H
B	00H	TL0	00H
PSW	00H	TH0	00H
SP	07H	TLI	00H
DPTR	0000H	THI	00H
P0～P3	FFH	SCON	00H
IP	××000000B	SBUF	××××××××B
IE	0×000000B	PCON	0×××0000B

2. 程序执行方式

程序执行方式主要是指计算机（包括单片机等）运行程序的模式，常见有顺序执行方式、中断执行方式、多任务执行方式等。其中，顺序执行方式是单片机的基本工作方式。单片机执行的程序放置在程序存储器中，可以是片内 ROM，也可以是片外 ROM。由于系统复位后，PC 指针总是指向 0000H，程序总是从 0000H 开始执行，而从 0003H 到 0032H 又是中断服务程序区，因此，用户程序都放置在中断服务程序区后面，在 0000H 处放一条长转移指令用以转移到用户程序。

程序的单步执行方式，是指在外部单步脉冲的作用下，使单片机一个单步脉冲执行一条指令后就暂停下来，再一个单步脉冲再执行一条指令后又暂停下来。

单步执行方式通常用于调试程序、跟踪程序执行和了解程序执行过程。在一般的微型计算机中，单步执行由单步执行中断程序完成，而单片机没有单步执行中断程序，MCS-51 系列单片机的单步执行是利用中断系统来完成的。MCS-51 系列单片机的中断系统规定，从中断服务程序中返回之后，至少要再执行一条指令，才能重新进入中断。这样，将外部脉冲加到 INT0 引脚，平时让它为低电平，通过编程规定 INT0 为电平触发。那么，不来外部脉冲时 INT0 总处于响应中断的状态。

在 INT0 的中断服务程序中安排下面的指令：

```
PAUSE0:JNB P3.2,PAUSE0    ;若 INT0=0，不往下执行
PAUSE1:JB  P3.2,PAUSE1    ;若 INT0=1，不往下执行
RETI                     ;返回主程序执行下一条指令
```

当 INT0 不来外部脉冲时，INT0 保持低电平，向 CPU 申请中断，执行中断服务程序。在中断服务程序中，第一条指令在 INT0 为低电平时循环，不返回主程序。当通过一个按钮向 INT0 端送一个正脉冲时，中断服务程序的第一条指令结束循环；执行第二条指令，在高电平期间，第二条指令循环，高电平结束，INT0 回到低电平，第二条指令结束循环；执行第三条

指令，中断返回，返回到主程序，由于这时 INT0 又为低电平，请求中断，而中断系统规定，从中断服务程序中返回之后，至少要再执行一条指令，才能重新进入中断。因此，当执行主程序的一条指令后，响应中断，进入中断服务程序，又在中断服务程序中暂停下来。这样，总体看来，按一次按钮，INT0 端产生一次高脉冲，主程序执行一条指令，实现单步执行。

3. 空闲及掉电工作方式

空闲工作方式是 CPU 通过执行指令使自身进入睡眠状态，即 CPU 停止工作（实际是关断送给 CPU 的时钟信号），而片内外的功能部件仍然继续工作，内部 RAM、SFR、PC、SP、PSW、P0～P3 端口等都保持进入空闲工作方式前的状态不变。

掉电工作方式是指当 PCON 寄存器的 PD 位置 1 时 CPU 进入的工作方式。振荡器和片内的功能部件都停止工作，芯片的 V_{CC} 可由备用电源供电，内部 RAM 和 SFR 等都保持进入掉电工作方式前的状态不变。掉电工作方式的退出也有两种：一种是硬件复位；另一种是外部中断。

当 V_{CC} 恢复到正常工作水平时，只要硬件复位信号维持 10ms 便可退出掉电方式，复位时会重新初始化 SFR 和 PC，但不改变片内 RAM 的内容。

在掉电工作方式下，当 V_{CC} 恢复到正常工作水平时，如果有任一允许的外部中断请求，PD 位将被片内硬件自动置 0，从而退出掉电工作方式。CPU 响应中断后，执行中断服务程序，返回后将从设置掉电工作方式指令的下一条指令继续执行程序。

4. 单片机的时间周期

单片机的时间周期主要指时钟周期、机器周期和指令周期，它们都是基于晶振频率及分频电路实现各自的时间长度。

时钟周期（振荡周期）：单片机内部时钟电路产生（或外部时钟电路送入）信号的周期。单片机的时序信号以时钟周期信号为基础形成，即时钟周期信号经分频电路分频，得到机器周期、指令周期和各种时序信号。

机器周期：单片机的基本操作周期。每个机器周期包含 S1、S2……S6 共 6 个状态，每个状态包含两拍即 P1 和 P2，每一拍为一个时钟周期（振荡周期）。因此，1 个机器周期包含 12 个时钟周期，依次可表示为 S1P1、S1P2、S2P1、S2P2、…、S6P1、S6P2，如图 1.9 所示。

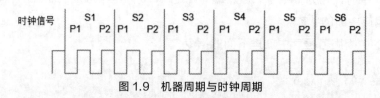

图 1.9　机器周期与时钟周期

指令周期：计算机从读取一条指令开始，到执行完该指令所需要的时间称为指令周期。不同的指令，指令长度不同，指令周期也不一样。指令周期以机器周期为单位。MCS-51 系列单片机指令根据指令长度和指令周期可分为单字节单周期指令、单字节双周期指令、双字节单周期指令、双字节双周期指令、三字节双周期指令及单字节四周期指令。

【任务实施】

（1）识别 AT80S51 芯片实物，查找其相关参数。分组进行，识别后做好记录。

（2）搜索常见的单片机学习社区，查找常见的单片机类型，学会下载单片机的相关资源。

【任务总结与评价】

1. 任务总结

通过对单片机组成结构、工作原理、工作方式、时间周期等的学习，应能识别单片机芯片实物及相关配件，对单片机形成基本认识，能简单指出单片机的类型、特点、功能，能从相关网络平台获取学习资源，为后续单片机的运用打下基础。

2. 任务评价

本任务的考核评价体系如表 1.11 所示。

表 1.11　任务 1.2 考核评价体系

班　　级		项目任务			
姓　　名		教　　师			
学　　期		评分日期			
评分内容（满分 100 分）			学生自评	同学互评	教师评价
专业技能 （70 分）	理论知识（60 分）				
	任务汇报（10 分）				
综合素养 （30 分）	遵守现场操作的职业规范（10 分）				
	信息获取的能力（10 分）				
	团队合作精神（10 分）				
各项得分					
综合得分 （学生自评 30%，同学互评 30%、教师评价 40%）					

项目2
单片机常用开发软件

02

【学习目标】

知识目标	1. 了解 Keil 软件; 2. 掌握 Keil 软件的主要功能、使用步骤; 3. 了解 Proteus 软件; 4. 掌握 Proteus 软件的主要功能、使用步骤。
能力目标	1. 能用 Keil 软件新建工程、添加文件,以及编辑、调试、下载有关代码; 2. 能用 Proteus 软件绘制电路原理图; 3. 能用 Keil 软件和 Proteus 软件对系统进行软件和硬件的联机调试与仿真。
素质目标	1. 引导学生内外兼修,德智体美劳全面发展; 2. 引导学生了解国家科技进步发展,终身致力于国家科技事业中; 3. 引导学生遵守现场操作的职业规范,具备安全、整洁、规范实施工作任务的能力。

【项目导读】

　　单片机系统是一个软硬件兼具的计算机系统,单片机系统的应用既有硬件设计、调试,又有软件设计、调试,最后还有系统的综合调试。本项目将介绍 Keil 软件和 Proteus 软件,并分别用来实现单片机系统设计应用中软件的设计调试和硬件的设计调试功能,指导学生在软件平台上实现单片机系统设计的前期功能。本项目的知识导图如图 2.1 所示。

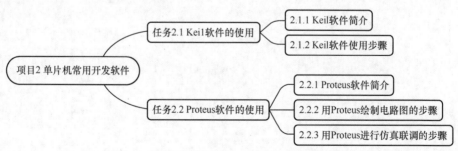

图 2.1　项目 2 知识导图——单片机常用开发软件

任务 2.1　Keil 软件的使用

【任务描述】

拟用单片机控制 8 个发光二极管（LED）按照 D1→D2→D3……D8→D7……D2→D1 的顺序循环点亮，以实现流水灯效果，要求用 Keil 软件完成工程创建、源程序文件创建，以及编辑、程序添加等步骤，为后续程序下载、仿真做准备。

【知识链接】

Keil C51 是单片机应用系统开发中使用较多的一种开发工具，它功能强大、简单易用，非常适合单片机开发的初学者。

2.1.1　Keil 软件简介

Keil C51（又称 Keil C，本书简称 Keil）作为集成开发环境（IDE），主要用于嵌入式系统的开发。它由德国 Keil 公司开发，该公司已经被 ARM 公司收购，ARM 公司将 Keil 软件包与 MDK-ARM 软件包合并成为 MDK-ARM Keil 软件包。Keil 支持多种编程语言，包括 C、C++、汇编语言等，可以对多种单片机进行编译、调试和仿真。

Keil 作为嵌入式系统开发工具，具有丰富的功能和优秀的性能，可帮助开发人员在较短的时间内完成从编译到调试和部署的工作。Keil 提供了一个友好的用户界面，包括源代码编辑器、编译器、调试器和仿真器等组件，使得开发人员可以方便地编写和调试嵌入式应用程序。

Keil 不仅支持多种编程语言和单片机体系结构，还提供了丰富的 API（应用程序接口）和库函数，开发人员可以方便地访问硬件资源，并通过模拟器和仿真器等工具来测试和验证代码的正确性。此外，Keil 还支持多种调试接口和外围设备，如 JTAG（联合测试工作组）接口、SWD（串行线调试）接口、UART（通用异步接收发送设备）等，适用于各种开发需求和场景。

2.1.2　Keil 软件使用步骤

（一）启动软件

启动 Keil 软件后，出现图 2.2 所示的启动界面，停顿一段时间之后出现图 2.3 所示的 Keil 窗口。

2.1.2

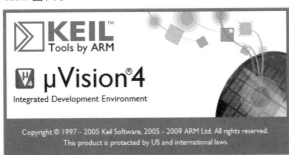

图 2.2　Keil 软件启动界面

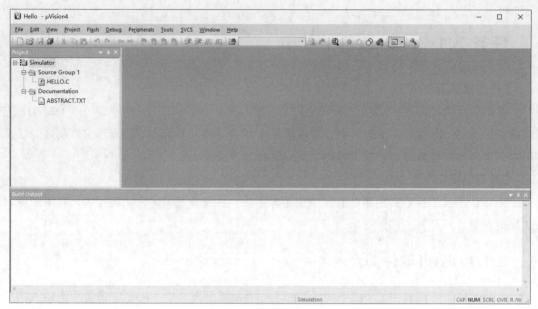

图 2.3　Keil 窗口

（二）创建工程

1. 新建及保存工程文件

选择菜单栏中的"Project"→"New μVision Project"选项，新建一个工程文件，如图 2.4 所示。弹出"Create New Project"对话框，在"文件名"文本框中输入"流水灯"，"保存类型"为默认的"Project Files(*.uvproj)"，如图 2.5 所示，然后单击"保存"按钮，保存工程文件。

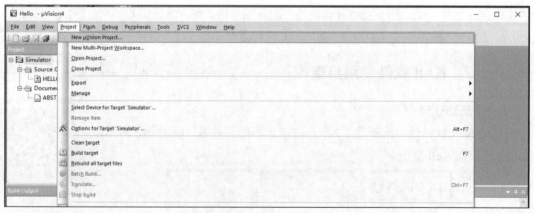

图 2.4　新建工程文件

2. 选择单片机型号

保存工程文件后，弹出图 2.6 所示的"Select Device for Target 'Target 1'"对话框，流水灯系统采用的单片机型号是 AT 89C51。单击"OK"按钮，弹出图 2.7 所示的提示对话框，一般单击"否"按钮。至此，工程创建完成。

图 2.5　保存工程文件

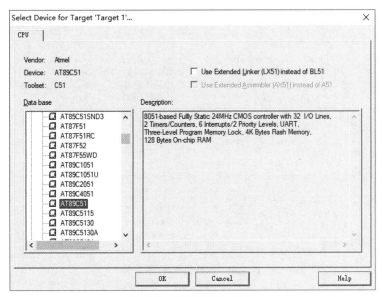

图 2.6　选择单片机型号

图 2.7　添加标准开始代码文件提示

（三）创建源程序文件并编辑、保存

选择菜单栏中的"File"→"New"选项，如图 2.8 所示，创建一个默认名字为"Text1"

的文本文件。编辑录入源程序后，选择"File"→"Save"/"Save As"或单击"保存"按钮█，弹出图 2.9 所示的对话框，此时在"文件名"文本框中输入"流水灯.c"。如果 C 程序文件已经存在，则忽略此步骤。

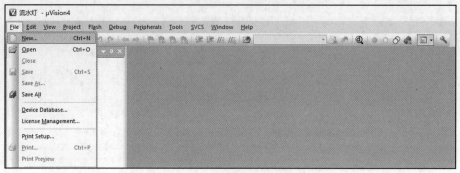

图 2.8　创建源程序文件

图 2.9　另存为 C 程序文件

（四）将源程序文件添加到工程

右击左侧导航栏中的"Source Group 1"，在弹出的快捷菜单中选择"Add Files to Group 'Source Group 1'"选项，如图 2.10 所示。弹出图 2.11 所示的对话框，此时选择刚刚保存的"流水灯.c"文件，单击"Add"按钮，将其添加到工程，然后单击"Close"按钮。

（五）设置输出文件

为了使源程序能够在单片机中运行，必须将其编译成十六进制目标代码文件。右击左侧导航栏中的"Target 1"，从弹出的快捷菜单中选择"Options for Target 'Target 1'"命令，或选择"Project"→"Options for Target 'Target 1'"命令，弹出"Options for Target 'Target 1'"对话框。切换到"Output"选项卡，选中"Create HEX File"复选框，如图 2.12 所示，单击"OK"按钮。

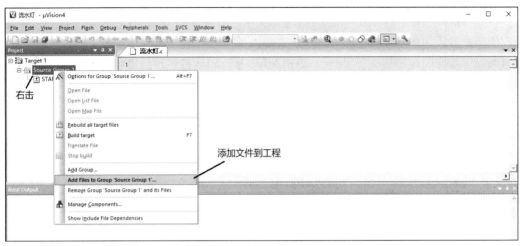

图 2.10　添加文件到工程

图 2.11　选择要添加的文件

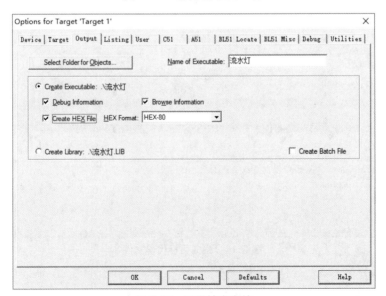

图 2.12　设置输出文件

（六）生成目标代码文件

单击翻译按钮 ，对源程序进行翻译，当出现错误时将在窗口底部给出错误所在行及引起错误的可能原因，如图 2.13 所示。双击错误信息，光标将跳转到错误所在行，可对程序中的错误进行快速编辑修改。

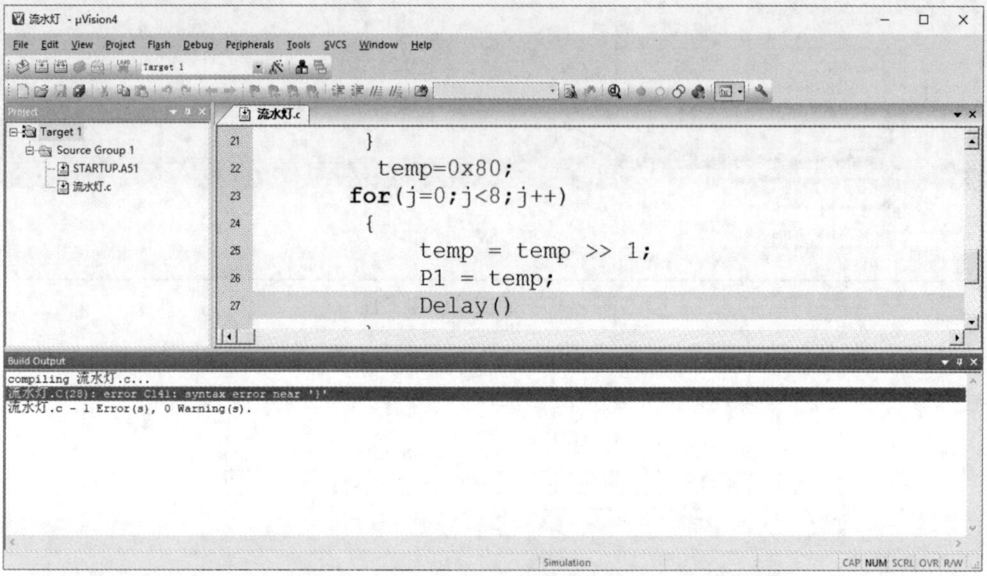

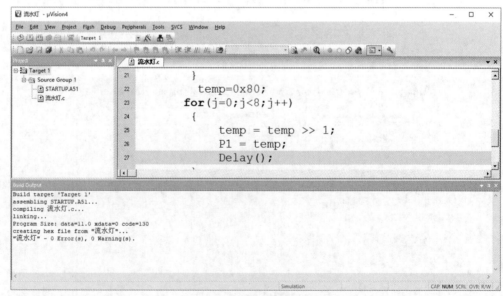

图 2.13　翻译

单击生成按钮 ，将生成目标代码文件，如果程序正确，将出现图 2.14 所示的信息，表示目标代码文件生成成功。

图 2.14　生成目标代码文件

【任务实施】

使用 Keil 软件完成流水灯相关程序的开发，步骤如下。

1. 创建文件夹

在 U 盘的根目录下创建文件夹"单片机项目",之后在该文件夹内创建文件夹"项目 1_1 流水灯"。

2. 创建工程

运行 Keil 软件,在菜单栏中选择"Project"→"New μVision Project"命令,弹出"Create New Project"对话框。选择刚刚创建的"项目 1_1 流水灯"文件夹,在"文件名"文本框中输入"流水灯","保存类型"保持默认的"Project Files(*.uvproj)"不变,单击"保存"按钮。随后在弹出的"Select Device for Target 'Target 1'"对话框中选择单片机型号 AT89C51。

任务 2.1 任务实施

3. 新建程序文件

在菜单栏中选择"File"→"New"命令,新建一个文本文件,此时标题栏中显示 Text1。再次在菜单栏中选择"File"→"Save"或"Save As"命令,弹出"Save As"对话框。在"文件名"文本框中输入完整的 C 程序文件名"流水灯.c"(由于"保存类型"为"All Files(*.*)",所以文件的扩展名必须填写)。

编写程序,参考代码如下。

```
//轮流点亮 LED,之后反向轮流点亮
#include <reg51.h>                //51 子系列单片机寄存器资源定义头文件
#include <intrins,h>             //51 单片机本征库函数头文件
void delay(unsigned int delaytime) //延时函数,延时 delaytime,单位为毫秒
{
  unsigned char i;
  for(;delaytime>0;delaytime--)
    for(i=250;i>0;i--)
      ;
}
void main ()                     //主函数
{
  unsigned char light=0xfe,i;
  while(1)                       //系统永不停歇地运行
  {
    for(i=7;i>0;i--)             //从 D1 到 D8 依次点亮需循环 7 次
    {
      P1=light;                  //点亮 LED
      light=_crol_(light,1);
      delay(1000);               //延时 1s
    }
    for(i=7;i>0;i--)             //从 D8 到 D1 依次点亮需循环 7 次
    {
      P1=light;                  //点亮 LED
      light=_cror_(1ight,1);
      delay(1000);               //延时 1s
    }
  }
}
```

4. 将程序文件加入工程

右击左侧导航栏中的"Source Group 1",在弹出的快捷菜单中选择"Add Files to Groups 'Source Group 1'"命令,在弹出的对话框中选择"流水灯.c"文件,单击"Add"按钮完成加入。再单击"Close"

按钮，就会看到 Source Group 1 左侧呈现+标识，单击+，文件"流水灯.c"就会显示出来。

5. 生成目标代码文件

在生成目标代码文件之前，需要先进行相关设置。右击左侧导航栏中的"Target 1"，在弹出的快捷菜单中选择"Options for Target 'Target 1'"命令，弹出"Options for Target 'Target 1'"对话框。切换到"Output"选项卡，在"Create Executable"单选按钮选中的情况下选中"Create HEX File"复选框。

设置完成之后，就可以生成目标代码文件了。单击翻译按钮 或选择"Project"→"Batch Build"命令，将源代码文件"流水灯.c"翻译成目标代码文件"流水灯.obj"，再单击生成按钮 或选择"Project"→"Build target"命令，将目标代码文件"流水灯.obj"生成为十六进制代码文件"流水灯.hex"。也可单击重新生成按钮 或选择"Project"→"Rebuild all target files"命令来完成上述两项操作。如果翻译或生成出错，则须修改程序后重复以上过程。

如果需要在列表文件中生成 C 语言代码对应的汇编语言代码，则需要在"Options for Target 'Target 1'"对话框的"Listing"选项卡中选中"Assembly Code"复选框；如果需要在列表文件中生成包含头文件的内容，则需要选中"#include Files"复选框；如果需要在列表文件中生成所定义变量的存储情况，则需要选中"Symbols"复选框。

【任务总结与评价】

1. 任务总结

本任务对 Keil 软件做了简单介绍，对软件的常规使用方法做了必要的说明。用好 Keil 软件是单片机应用设计的基础。

2. 任务评价

本任务的考核评价体系如表 2.1 所示。

表 2.1　任务 2.1 考核评价体系

班　　级			项目任务			
姓　　名			教　师			
学　　期			评分日期			
评分内容（满分 100 分）				学生自评	同学互评	教师评价
专业技能 （70 分）		Keil 软件相关知识（20 分）				
		Keil 软件的安装（10 分）				
		在 Keil 中建立工程（10 分）				
		在 Keil 中添加文件并编辑（20 分）				
		在 Keil 中的编译、联机调试（10 分）				
综合素养 （30 分）		遵守现场操作的职业规范（10 分）				
		信息获取的能力（10 分）				
		团队合作精神（10 分）				
	各项得分					
	综合得分 （学生自评 30%，同学互评 30%、教师评价 40%）					

任务 2.2　Proteus 软件的使用

【任务描述】

拟用单片机控制 8 个 LED 按照 D1→D2→D3……D8→D7……D2→D1 的顺序循环点亮，以实现流水灯效果。要求先用 Proteus 软件完成原理图的绘制，再根据任务 2.1 的程序进行联机调试、仿真，查看流水灯效果。

【知识链接】

Proteus 是一套可以仿真单片机硬件工作的软件系统，它简单易学，使用方便，对单片机应用系统的开发者非常实用。随着 Proteus 支持的处理器模型持续增加，其在国内获得越来越广泛的使用。

2.2.1　Proteus 软件简介

Proteus 软件是英国 Lab Center Electronics 公司开发的电子设计自动化（Electronic Design Automation，EDA）工具软件，主要用于电子系统的仿真与设计。它具有仿真功能，能仿真单片机及外围器件，是比较好用的单片机及外围器件仿真工具。

Proteus 软件支持多种处理器模型，如 8051、HC11、PIC10/12/16/18/24/30/DSPIC33、AVR、ARM、8086 和 MSP430 等，2010 年又增加了 Cortex 和 DSP 系列处理器模型，并持续增加其他系列处理器模型。此外，在编译方面，它还支持 IAR、Keil 和 MATLAB 等多种编译器。

Proteus 软件可以实现从概念到产品的完整设计，从原理图布图、代码调试到单片机与外围电路协同仿真，一键切换到印制电路板（PCB）设计。它是将电路仿真软件、PCB 设计软件和虚拟模型仿真软件三合一的设计平台。

识图和制图是工程技术人员的基本功，Proteus 首先是一个制图工具，它庞大的图形符号库和强大的图形管理功能使得绘制电气原理（系统）图变成一件既轻松又规范的事情。Proteus 还是一个"仿真"工具，它能使设计绘制好的电气原理图像真的焊接好的电路一样"运行"起来。还可以用各种"仪器""仪表"去观察和测量运行中的各种现象和数据而不用担心人员和设备的安全。

Proteus 可以对电路、模拟电子技术、数字电子技术和单片机应用技术中的电路进行仿真，让读者能够在接近实际的操作和运行中观察电路的现象，并理解特别是单片机控制系统的电路仿真、调试（联调）。同时，Proteus 也是一个辅助设计软件，能自动生成电气原理图的 PCB 文件并提交厂商进行制作。

2.2.2　用 Proteus 绘制电路图的步骤

1. ISIS 窗口介绍

Proteus ISIS 窗口如图 2.15 所示。

（1）图形编辑区

可在该区完成电路原理图的绘制、编辑、选择、复制、删除等操作。

2.2.2

（2）预览区

该区显示整个电路的缩略图。在该区单击，将会有一个矩形绿框出现在图形编辑区，此时在图形编辑区移动鼠标指针则矩形框随着移动，同时图形预览区中的显示内容发生变化。在其他情况下，预览区显示将要放置的对象的预览。

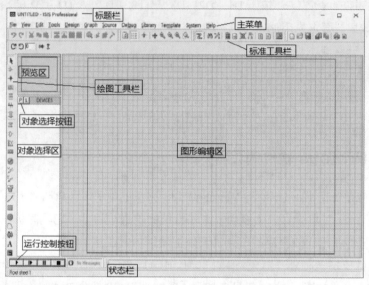

图 2.15　Proteus ISIS 窗口

（3）对象选择区

通过对象选择区的对象选择按钮可从元件库中选择元件对象，放入对象选择区，供以后绘图时使用。

（4）绘图工具栏

绘图工具栏包括各类常用绘图单元，如选择模式（Selection Mode）、元件模式（Component Mode）、总线模式（Buses Mode）、端口模式（Terminals Mode）和虚拟仪器模式（Virtual Instruments Mode）等。

（5）运行控制按钮

运行控制按钮用于对各类电路进行仿真控制，有运行、单步运行、暂停执行和停止运行4 种控制方式。

2．新建设计文件

单击标准工具栏中的新建按钮，或者在菜单栏中选择"File"→"New Design"命令，将新建一个设计文件。单击标准工具栏中的保存按钮或选择"File"→"Save Design"命令，弹出图 2.16 所示的"Save ISIS Design File"对话框。在"文件名"文本框中输入"流水灯"（扩展名为.DSN，系统自动添加），然后单击"保存"按钮，完成新建设计文件的操作。

3．选取元器件

单击对象选择按钮，弹出图 2.17 所示的"Pick Devices"（选择元器件）对话框。在"Keywords"文本框中输入元器件名称，如 at89c，系统自动搜索对象库，并将找到的元器件显示在"Results"列表框中,双击所需的元器件即可将其添加到对象选择区。依此方法将本次设计所需要的所有元器件添加到对象选择区后,单击"OK"按钮或"Cancel"按钮结束。

图 2.16　新建设计文件

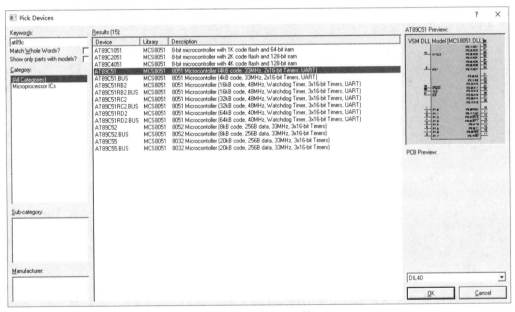

图 2.17　选取元器件

4．放置元器件并修改元器件参数

在对象选择区内,单击需要的元器件,移动鼠标指针到右侧的图形编辑区,鼠标指针将变成笔尖形状,将鼠标指针移动到欲放置的位置并单击,出现虚框形式的元器件,此时再次单击,则将元器件放置在该位置。

按照上述方法,将所需的所有元器件放置在合适位置,如图 2.18 所示。

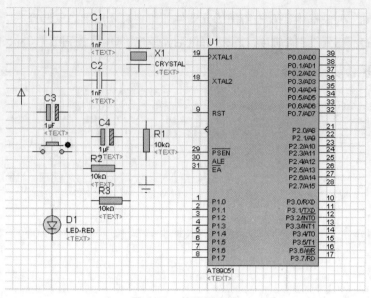

图 2.18　放置元器件

对于需要调整标识或参数的元器件，如 LED 的限流电阻器 R3，若需将其阻值设置为 270Ω，则双击该电阻器，弹出图 2.19 所示的"Edit Component"对话框，设置其 Resistance（阻值）为 270。依此法将单片机 AT89C51 的工作频率设置为 12MHz，其他元器件的参数依照图 2.19 方法进行设置。

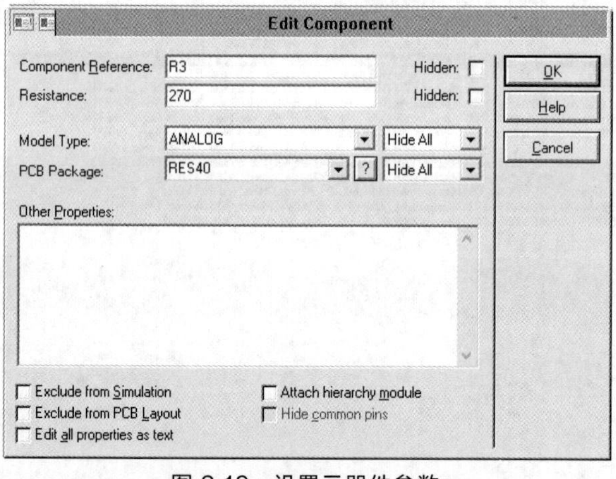

图 2.19　设置元器件参数

对于需要调整方向的元器件，在相应元器件上右击，弹出快捷菜单，选择其中的"Rotate Clockwise ↻"或"Rotate Anti-Clockwise ↺"等命令，可将元器件调整到合适的方向（在放置元器件之前，可通过标准工具栏中的按钮调整方向）。

对于需要移动的元器件，先单击相应元器件，则该元器件变成红色，并且当鼠标指针落在其上时会变为带十字移动标识的手形；再次单击该元器件并拖动，待移动到合适位置时松开鼠标左键，即可实现元器件的移动。

当需要重复放置多个元器件时，可以采用块复制、块粘贴的方法实现，如对于流水灯系统中的 8 个 LED 及其限流电阻器的放置。首先放置一个 LED 和一个限流电阻器，并设置好参数、调整好位置，然后将这两个元器件同时选中，如图 2.20 所示；右击，弹出快捷菜单，从中选择"Block Copy"命令，将鼠标指针移至需要放置元器件的位置并单击实现复制，连续单击可实现连续复制，右击结束复制，如图 2.21 所示。

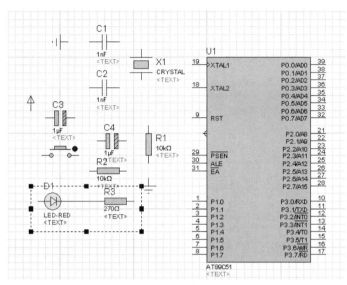

图 2.20　选中需要复制的元器件

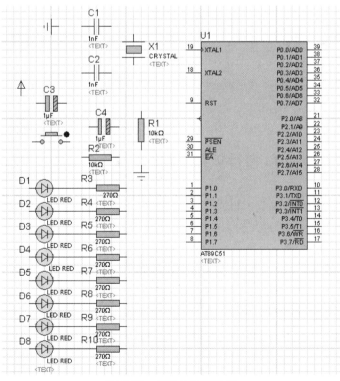

图 2.21　元器件复制完成

5．元器件之间的连线

Proteus 的 ISIS 具有一定的智能性，当鼠标指针靠近某元器件的管脚时，鼠标指针将变为红色笔形，并附有电气格点符号（虚框），此时按住（或单击）鼠标左键即开始连线，到达目标元器件管脚时再次出现附有电气格点符号的红色笔形，松开（或再次单击）鼠标左键完成连线，系统自动为连线寻找合适位置布线（通过按钮打开或关闭）。如果想要自行确定连线位置，可在需要转折的位置单击以确定连线位置（此时在该位置出现一个叉号），直到连接到目标元器件的管脚。连接完成的流水灯系统如图 2.22 所示。

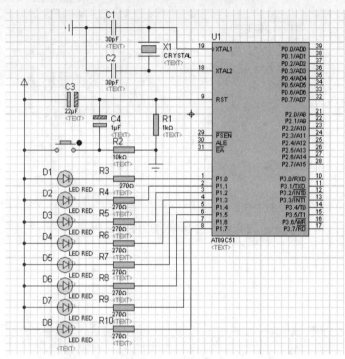

图 2.22　流水灯系统

2.2.3　用 Proteus 进行仿真联调的步骤

当生成了目标代码文件"流水灯.hex"，并完成流水灯系统的硬件电路绘制之后，就可以进行仿真操作以检验系统功能。

2.2.3

1．加载目标代码文件

双击单片机 AT89C51 图标，弹出"Edit Component"对话框。单击"Program File"文本框右侧的"浏览"按钮，弹出"选择文件名"对话框。从中选择相应的"流水灯.hex"目标代码文件，单击"打开"按钮返回，此时"Program File"文本框中填入了"流水灯.hex"。再在"Edit Component"对话框中单击"OK"按钮，完成目标代码文件的加载。

2．仿真运行

单击"运行"按钮启动仿真，可观察到流水灯从 D1 开始亮起，然后是 D2……，直至D8。当亮到 D8 后，反方向由 D8 至 D1 亮起。如此循环往复，永不停歇，如图 2.23 所示。

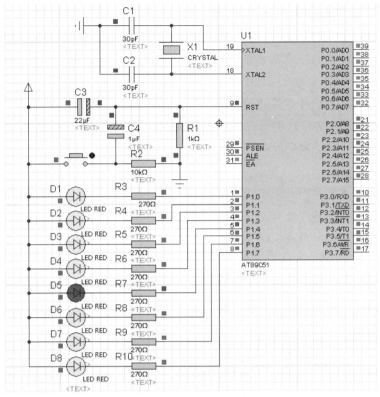

图 2.23　流水灯运行中

3．联机调试设置

仿真运行能够体现程序功能，与实际运行情况一致。对初学者来说，当程序运行出现异常现象时，难以确定问题所在，即不能确定系统工作中的不正常是由哪段程序造成的；有时需要明确到是哪条指令引起的异常，也难以确定。如果能够跟踪程序运行，就能够发现问题，进而解决问题。

跟踪程序运行，即在 Keil 中通过 Step（单步跟进，进入函数内部运行）、Step Over（单步跳过，函数调用被当作一条语句执行）、Run to Cursor Line（运行到光标行）及 Set break point（双击程序行，则在该行左侧出现标记）等运行控制措施控制程序运行，同时在 Proteus 中观察执行效果，从而确定引起异常的原因。

若要实现跟踪调试，就需要进行联机调试设置，步骤如下。

（1）安装联机调试补丁

从官方网站下载 vdmagdi.exe 补丁程序，运行后系统将在../keil/C51/BIN 文件夹内添加一个 vdm51.dll 文件。

（2）设置 Keil 联调参数

单击选项按钮，打开"Options for Target 'Target1'"对话框。在"Debug"选项卡中选中右上方的"Use"单选按钮，在下拉列表中选择"Proteus VSM Simulator"选项。再单击后面的"Settings"按钮，设置 VDM 服务器。在 Host 文本框中输入 127.0.0.1，在 Port 文本框中输入 8000，设置完成后单击"OK"按钮。

（3）设置 Proteus 软件

在 Proteus 的"调试"菜单中选择"使用远程调试监控"命令。至此，联机调试设置结束。之后就可以在 Keil 中通过控制程序运行系统并在 Proteus 中观察运行效果了。

如果没有在 Keil 软件中设置使用 Proteus VSM Simulator，也可只利用 Keil 软件进行程序软件的仿真调试，即不进行联机调试。此时可通过 Keil 软件查看相关寄存器、内存变量的内容，检验运行效果，从而发现程序中存在的问题。

4．联机调试演示

（1）联机调试准备

运行 Keil 软件，创建"流水灯"工程，并完成程序编写、生成目标代码文件的所有工作。运行 Proteus 软件，绘制"流水灯"硬件电路，并设置好各参数（联机调试时可以不为单片机 AT89C51 加载程序）。

（2）联机调试

在 Keil 软件中，在菜单栏中选择"Debug"→"Start/Stop Debug Session"命令，程序及电路都处于初始状态。

单击 Step 按钮 或 Step Over 按钮 （当被调用函数确认执行无误、无须再调试时可单击 Step Over 按钮 跳过函数跟踪）及 Run to Cursor Line 按钮 （当确认前面的程序运行无误时，可将光标放置到运行无误的程序后），或设置断点运行方式，可观察到 Proteus 中的电路状态随着程序的运行而发生改变。此时可在 Keil 软件中查看各寄存器、内存变量的内容。

【任务实施】

1．使用 Proteus 绘制原理图

运行 Proteus 软件，此时设计文件无名称，单击保存按钮 或从"File"菜单中选择"Save Design"命令，弹出"Save ISIS Design File"对话框。输入文件名"流水灯"，文件类型默认，保存文件。之后按照前面所述的方法加载元器件。绘制完成后，再次单击保存按钮 进行保存。

任务 2.2　任务
实施

2．使用仿真工具 Proteus 进行仿真

原理图绘制完毕后，双击 AT89C51，在弹出的对话框中单击 Program File 右侧的 Browse 按钮 ，从文件夹"项目 11 流水灯"中选中"流水灯.hex"文件，将目标程序加载到单片机。之后单击 Play 按钮 查看运行结果；或者单击 Step 按钮 采取单步运行方式查看运行结果。当程序运行不正常时，可以采用在线联调方式运行程序找到存在的问题。

【任务总结与评价】

1．任务总结

本任务通过 Proteus 软件的使用练习，使初学者能在 Proteus 软件平台上进行原理图绘制，将任务 2.1 给定程序添加入工程后仿真工程，实现流水灯的效果。

2．任务评价

本任务的考核评价体系如表 2.2 所示。

表 2.2　任务 2.2 考核评价体系

班　　级		项目任务			
姓　　名		教　　师			
学　　期		评分日期			
评分内容（满分 100 分）			学生自评	同学互评	教师评价
专业技能 （70 分）	Proteus 相关知识（20 分）				
	Proteus 软件的安装（10 分）				
	在 Proteus 中新建设计文件（10 分）				
	在 Proteus 中编辑电路和加载目标代码文件（20 分）				
	在 Proteus 中仿真电路（10 分）				
综合素养 （30 分）	遵守现场操作的职业规范（10 分）				
	信息获取的能力（10 分）				
	团队合作精神（10 分）				
各项得分					
综合得分 （学生自评 30%，同学互评 30%、教师评价 40%)					

项目3
单片机最小系统及I/O接口

【学习目标】

知识目标	1. 了解单片机最小系统的有关概念； 2. 理解搭建单片机最小系统的典型电源电路、晶振电路、复位电路等； 3. 掌握单片机控制 1 位 LED 进行硬件电路设计、软件编程、软硬件调试及仿真的方法； 4. 理解单片机的 I/O 接口、片外总线工作方式，单片机的引脚及复用功能； 5. 掌握单片机实现彩灯功能进行硬件电路设计、软件编程、软硬件调试及仿真的方法。
能力目标	1. 熟练使用 Keil 软件编辑 C 程序、用 Proteus 软件绘制电路图； 2. 能对单片机控制 1 位 LED 进行硬件电路设计、软件编程、软硬件调试及仿真； 3. 能对单片机实现彩灯功能进行硬件电路设计、软件编程、软硬件调试及仿真。
素质目标	1. 锤炼团结、包容、不畏困难、吃苦耐劳的品格； 2. 培养严谨治学的学习态度，辩证统一的哲学思维； 3. 通过不断尝试，培养不断进取，开拓创新的品质； 4. 以积极的态度对待训练任务，具有团队交流和协作能力。

【项目导读】

本项目从单片机最小系统定义入手，首先介绍不同型号单片机最小系统的组成，以及各组成部分的典型电路；然后通过搭建一个单片机最小系统，用 1 位 LED 闪烁情况来验证最小系统能否工作，真正实现软硬件的控制功能；最后在最小系统的基础上，通过多位 LED 的不同闪烁状态来实现单片机 I/O 接口的功能。本项目的知识导图如图 3.1 所示。

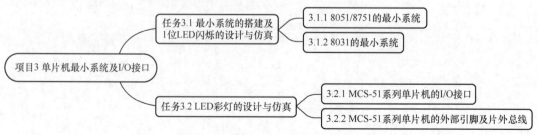

图 3.1　项目 3 知识导图——单片机最小系统及 I/O 接口

任务 3.1　最小系统的搭建及 1 位 LED 闪烁的设计与仿真

【任务描述】

本任务要求搭建一个单片机最小系统，通过 Keil、Proteus 平台实现系统编程仿真，用 1 位 LED 的闪烁状态来验证最小系统搭建及设计仿真成功与否。

【知识链接】

所谓最小系统，是指一个真正可用的微型计算机的最小配置系统。对于 51 单片机，其内部集成了微型计算机的大部分功能部件，只需外部连接一些简单电路就可组成最小系统。

51 单片机内部集成了 CPU、ROM、RAM、并行接口、串行接口、定时/计数器、中断系统等功能部件，除了电源和地，外部只需连接时钟电路和复位电路就可组成最小系统。另外，对于没有片内 ROM 的芯片，组成最小系统时必须扩展外部 ROM，因此，51 单片机的最小系统可分为 8051/8751 的最小系统和 8031 的最小系统两种情况。

3.1.1　8051/8751 的最小系统

8051/8751 片内有 4KB 的 ROM/EPROM，因此，只需要外接晶体振荡器和复位电路就可以构成最小系统，如图 3.2 所示。该最小系统的特点如下。

3.1.1

（1）由于片外没有扩展存储器和外设，P0、P1、P2、P3 都可以作为用户 I/O 接口。

（2）片内 RAM 有 128B，地址空间为 00H ~ 7FH，没有片外 RAM。

（3）内部有 4KB 的 ROM，地址空间为 0000H ~ 0FFFH，没有片外 ROM，EA 应接高电平。

（4）可以使用两个定时/计数器 T0 和 T1，1 个全双工的串行通信接口，5 个中断源。

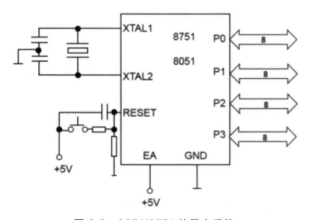

图 3.2　8051/8751 的最小系统

3.1.2　8031 的最小系统

8031 无片内 ROM，因此，在构成最小应用系统不仅要外接晶体振荡器和复位电路，还应扩展外部 ROM。8031 外接 ROM 芯片 2764 构成的最小系统如图 3.3 所示。该最小系统的特点如下。

（1）由于 P0、P2 在扩展 ROM 时作为地址线和数据线，不能作为 I/O 接口线，因此，只有 P1、P3 作为用户 I/O 接口使用。

（2）片内 RAM 同样有 128B，地址空间为 00H～7FH，没有片外 RAM。

（3）内部无 ROM，片外扩展了 ROM，其地址空间随芯片容量不同而不同。图 3.3 中使用的是 2764 芯片，容量为 8KB，地址空间为 0000H～1FFFH。由于没有片内 ROM，只能使用片外 ROM，EA 只能接低电平。

（4）同样可以使用两个定时/计数器 T0 和 T1，1 个全双工的串行通信接口，5 个中断源。

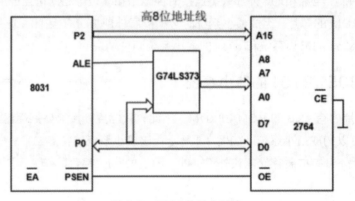

图 3.3 8031 的最小系统

由于 8051/8751 内部带 ROM，外部只需接晶体振荡器和复位电路就可以构成最小系统，硬件电路非常简单，在实际中经常使用。如果内部集成的 4KB ROM 不够，可以选内部集成 8KB ROM 的 8052/8752；如果 8KB ROM 也不够用，现在很多单片机厂家也生产了集成更大容量 ROM 的 51 单片机供大家选择。

【任务实施】

一、总体方案设计

要实现单片机控制 LED 闪烁的功能，主要涉及单片机最小系统、1 位 LED 组成的硬件和必要的软件部分的设计。单片机控制 LED 闪烁的方框图如图 3.4 所示。

任务 3.1 任务实施

图 3.4 单片机控制 LED 闪烁的方框图

二、硬件电路设计

由 AT89C51 单片机、时钟电路、复位电路构成一个基本的单片机最小系统，再由 P1.0 口的 I/O 引脚连接 1 位 LED。其原理如图 3.5 所示。

（1）复位电路可以提供"上电复位"。

（2）时钟电路以 12MHz 的频率向单片机提供振荡脉冲，保证单片机以规定的频率运行。

（3）$\overline{EA}$ 接 V_{CC}（高电平），表示选择使用从单片机内部 0000H～0FFFH 到外部 1000H～FFFFH 这一区域的 ROM。

（4）LED 的负极接单片机的 P1.0 口，LED 的正极接电源+5V。

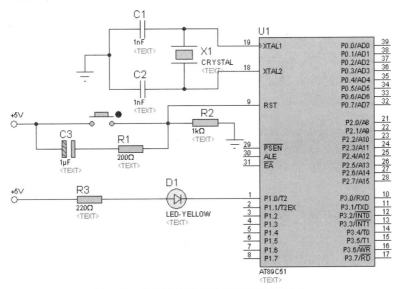

图 3.5　单片机控制 1 位 LED 闪烁的原理

三、软件设计

（1）闪烁功能。当给 LED 正极接高电位后，LED 负极接 P1.0 口。此时，给 LED 负极输出低电位时，LED 点亮；给 LED 负极输出高电位时，LED 熄灭；间隔足够长时间后，负极重复输出高低电位，即可实现 LED 闪烁功能。

（2）程序设计与实现。C 语言参考源程序如下。

```
#include<reg51.h>
sbit LED=P1^0;
void main(void)
{
  int i=0;
  while(1)
  {
    LED=0;
    for(i=0;i<=10000;i++);
    LED=1;
    for(i=0;i<=10000;i++);
  }
}
```

（3）利用 Proteus 仿真软件对系统进行电路仿真实现，如图 3.6 所示。

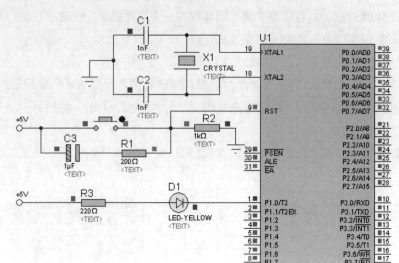

图 3.6　单片机控制 1 位 LED 闪烁的电路仿真实现

四、系统调试

1. 硬件调试

硬件是系统的基础，只有硬件能够全部正常工作后才能在此基础上加载软件，从而实现系统功能。

电源部分提供整个电路所需的各种电压，因此，首先确定电源电压是否正确，其次确定单片机的电源引脚电压是否正确，然后确定是不是所有的接地引脚都接了地。如果单片机有内核电压的引脚，需测试内核电压是否正确。随后测量晶振有没有起振，一般晶振起振时两个引脚都会有 1V 左右的电压。接着检查复位电路是否正常。注意测量单片机的 ALE 引脚，看是否有脉冲波输出（51 单片机的 ALE 引脚信号为地址锁存信号，每个机器周期输出两个正脉冲），从而判断单片机是否工作。最后检查数码管是否完好或接好。

2. 软件调试

如果检查硬件电路后确定没有问题却实现不了设计要求，则可能是软件编程的问题。首先应检查主程序，然后是分段程序，要注意逻辑顺序、调用关系，以及涉及的标号，有时会因为一个标号而影响程序的执行。除此之外，还要熟悉各指令的用法，以免出错。还有一个容易忽略的问题，即源程序生成的代码是否已输入单片机中，如果这一过程遗漏，那么肯定不能实现设计要求。

3. 软硬件联调

软件调试主要是在编写系统软件时涉及，一般使用 Keil 进行软件的编写和调试。编写软件时首先要分清软件应该分成哪些部分，对不同的部分分开编写、调试是最方便的。

在硬件调试和软件调试均正确的前提下，再进行软硬件联调。首先将调试好的软件通过下载器下载到单片机，然后上电查看运行结果。观察系统是否达到预期设计效果，如果未达到，先利用示波器观察单片机的时钟电路，看是否有信号，因为时钟电路是单片机工作的前提，所以一定要保证时钟电路正常。如果不能分析出是硬件问题还是软件问题，就重新检查软硬件及接线。一般情况下硬件问题可以通过万用表等工具检测出来，如果硬件没有问题，则必然是软件问题，就应该重新检查软件。重复上述过程，直至达到预期设计效果。

【任务总结与评价】

1. 任务总结

本任务是搭建单片机的最小系统，外接 1 位 LED，通过程序控制 1 位 I/O 接口电平的高低变化，验证单片机最小系统搭建成功并能正常工作。本任务适合初学者，单片机控制便捷、程序简单、元器件少且易于修改和扩展。

2. 任务评价

本任务的考核评价体系如表 3.1 所示。

表 3.1　任务 3.1 考核评价体系

班　　级		项目任务			
姓　　名		教　　师			
学　　期		评分日期			
评分内容（满分 100 分）			学生自评	同学互评	教师评价
专业技能 （70 分）	理论知识（20 分）				
	硬件系统的搭建（10 分）				
	程序设计（10 分）				
	仿真实现（20 分）				
	任务汇报（10 分）				
综合素养 （30 分）	遵守现场操作的职业规范（10 分）				
	信息获取的能力（10 分）				
	团队合作精神（10 分）				
各项得分					
综合得分 （学生自评 30%，同学互评 30%、教师评价 40%）					

任务 3.2　LED 彩灯的设计与仿真

【任务描述】

本任务在实现单片机控制 1 位 LED 闪烁的基础上，要求搭建单片机最小系统，通过 P1 口的 I/O 功能，实现 8 位 LED 闪烁的功能，通过程序控制，达到视觉上彩灯有规律地发光的效果。

【知识链接】

MCS-51 系列单片机的片内集成了并行 I/O 接口、定时/计数器口、串行接口及中断系统端口，这些接口很多都有复用功能。这里主要介绍并行 I/O 接口功能，后文再介绍定时/计数器口、串行接口及中断系统端口的功能。

3.2.1 MCS-51系列单片机的I/O接口

MCS-51 系列单片机有 4 个 8 位并行 I/O 接口：P0、P1、P2 和 P3 口。它们是特殊功能寄存器中的 4 个接口。这 4 个接口，既可以作输入，也可以作输出；既可按 8 位的方式使用，也可按 1 位的方式使用；输出时具有锁存能力，输入时具有缓冲功能。

1. P0 口

P0 口是一个三态双向口，可作为地址／数据分时复用口，也可作为通用的 I/O 接口。它由一个锁存器、两个三态输入缓冲器、输出驱动电路和输出控制电路组成，它 1 位的结构如图 3.7 所示。

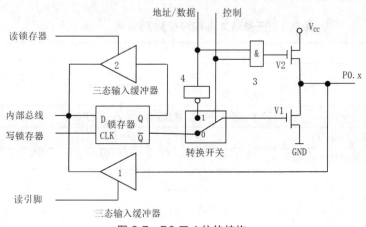

图 3.7　P0 口 1 位的结构

当控制信号为高电平"1"时，P0 口作为地址／数据分时复用总线用。这时可分为两种情况：一种是从 P0 口输出地址或数据，另一种是从 P0 口输入数据。控制信号为高电平"1"，使转换开关 MUX 把反相器 4 的输出端与场效应晶体管 V1 接通，同时把与门 3 打开。如果从 P0 口输出地址或数据信号，当地址或数据为"1"时，经反相器 4 使 V1 截止，而经与门 3 使场效应晶体管 V2 导通，P0.x 引脚上出现相应的高电平"1"；当地址或数据为"0"时，经反相器 4 使 V1 导通而 V2 截止，引脚上出现相应的低电平"0"，这样就将地址/数据的信号输出。如果从 P0 口输入数据，输入数据从引脚下方的三态输入缓冲器进入内部总线。当控制信号为低电平"0"时，P0 口作为通用 I/O 接口使用。控制信号为"0"，转换开关 MUX 把输出级与锁存器 Q 端接通，在 CPU 向端口输出数据时，因与门 3 输出为"0"，使 V2 截止，此时，输出级是漏极开路电路。当写入脉冲加在锁存器时钟端 CLK 上时，与内部总线相连的 D 端数据取反后出现在 Q 端，又经输出 V1 反相，在 P0.x 引脚上出现的数据正好是内部总线的数据。当要从 P0 口输入数据时，引脚信号仍经三态输入缓冲器进入内部总线。

当 P0 口作通用 I/O 接口时，应注意以下两点：一是在输出数据时，由于 V2 截止，输出级是漏极开路电路，要使"1"信号正常输出，必须外接上拉电阻器；二是 P0 口作为通用 I/O

接口输入使用时，在输入数据前，应先向 P0 口写 "1"，此时锁存器的 Q 端为 "0"，使输出级的 V1、V2 均截止，引脚处于悬浮状态，才可作高阻输入。因为从 P0 口引脚输入数据时，V2 一直处于截止状态，引脚上的外部信号既加在三态输入缓冲器 1 的输入端，又加在 V1 的漏极。假定在此之前曾经输出数据 "0"，则 V1 是导通的，这样引脚上的电位就始终被钳定在低电平，使输入高电平无法读入。因此，在输入数据时，应人为地先向 P0 口写 "1"，使 V1、V2 均截止，方可高阻输入。另外，P0 口的输出级具有驱动 8 个 LSTTL（低功耗晶体管晶体管逻辑）负载的能力，输出电流不大于 800μA。

2. P1 口

P1 口是准双向口，它只能作为通用 I/O 接口使用。P1 口的结构与 P0 口不同，它的输出只由一个场效应晶体管 V1 与内部上拉电阻器组成，它 1 位的结构如图 3.8 所示。

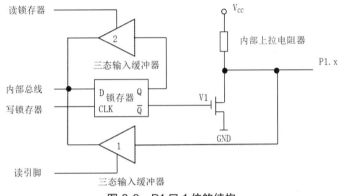

图 3.8 P1 口 1 位的结构

P1 口输入输出的原理和特性与 P0 口作为通用 I/O 接口使用时一样，但当 P1 口输出时，可以提供电流负载，不必像 P0 口那样需要外接上拉电阻器。P1 口具有驱动 4 个 LSTTL 负载的能力。

3. P2 口

P2 口也是准双向口，它有两种用途：作为通用 I/O 接口和高 8 位地址总线。它 1 位的结构如图 3.9 所示，与 P1 口相比，P2 口只在输出驱动电路上比 P1 口多了一个模拟转换开关 MUX 和反相器 3。

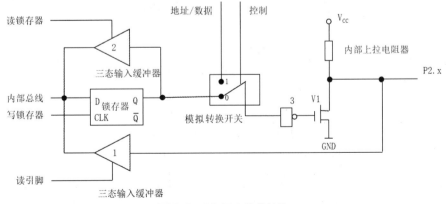

图 3.9 P2 口 1 位的结构

如果控制信号为高电平"1"，转换开关接右侧，P2 口作高 8 位地址总线使用，访问片外存储器的高 8 位地址 A8～A15 则由 P2 口输出。如系统扩展了 ROM，由于单片机工作时一直不断地取指令，因而 P2 口将不断地送出高 8 位地址，P2 口将不能作通用 I/O 接口用。如系统仅仅扩展了 RAM，这时分几种情况：若片外 RAM 容量不超过 256 字节，在访问 RAM 时，只需 P0 口送低 8 位地址即可，P2 口仍可作为通用 I/O 接口使用；若片外 RAM 容量大于 256 字节，需要 P2 口提供高 8 位地址，这时 P2 口就不能作通用 I/O 接口使用。当控制信号为高电平"0"时，转换开关接左侧，P2 口用作准双向通用 I/O 接口。控制信号使转换开关接左侧，其工作原理与 P1 口相同，只是 P1 口输出端由锁存器 Q 端接 V1，而 P2 口是由锁存器 Q 端经反相器 3 接 V1，也具有输入、输出、端口操作 3 种工作方式，负载能力也与 P1 口相同。

4．P3 口

P3 口 1 位的结构如图 3.10 所示。它的输出驱动由与非门 3、场效应管 V1 组成，输入比 P0、P1、P2 口多了一个缓冲器 4。

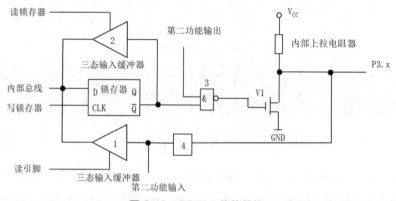

图 3.10　P3 口 1 位的结构

P3 口除了作为准双向通用 I/O 接口使用外，它的每一根线还具有第二功能，如表 3.2 所示。

表 3.2　P3 口的第二功能

P3 口	第二功能	
P3.0	RXD	串行口输入端
P3.1	TXD	串行口输出端
P3.2	INT0	外部中断 0 请求输入端，低电平有效
P3.3	INT1	外部中断 1 请求输入端，低电平有效
P3.4	T0	定时/计数器 T0 外部计数脉冲输入端
P3.5	T1	定时/计数器 T1 外部计数脉冲输入端
P3.6	WR	片外 RAM 写信号，低电平有效
P3.7	RD	片外 RAM 读信号，低电平有效

当 P3 口作为通用 I/O 接口时，第二功能输出线为高电平，与非门 3 的输出取决于锁存器

的状态。这时，P3 口是一个准双向口，它的工作原理、负载能力与 P1、P2 口相同。当 P3 口作第二功能用时，锁存器的 Q 输出端必须为高电平，否则 V1 导通，引脚将被锁定在低电平，无法实现第二功能。当锁存器 Q 端为高电平时，P3 口的状态取决于第二功能输出线的状态。单片机复位时，锁存器的输出端为高电平。P3 口第二功能中输入信号 RXD、INT0、INT1、T0、T1 经缓冲器 4 输入，可直接进入芯片内部。

3.2.2　MCS-51 系列单片机的外部引脚及片外总线

在 MCS-51 系列单片机中，各种芯片的引脚情况基本相同，不同芯片的引脚功能只略有差异。

1. 外部引脚

MCS-51 系列单片机有 40 个引脚，用高速金属氧化物半导体（High-speed MOS，HMOS）工艺制造的芯片采用双列直插式封装，如图 3.11 所示。低功耗、采用高速互补金属氧化物半导体（High-speed CMOS，CHMOS）工艺制造的机型（在型号中间加一个"C"作为标识，如 80C31、80C51 等）则有采用方形封装结构的。

3.2.2

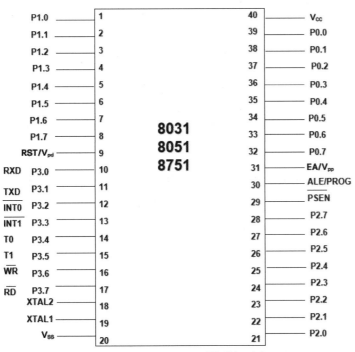

图 3.11　MCS-51 系列单片机引脚

（1）I/O 引脚

P0 口（39～32 脚）：P0.0～P0.7 统称为 P0 口。在不接片外存储器与不扩展 I/O 接口时，作为准双向 I/O 接口。在接有片外存储器或扩展 I/O 接口时，P0 口分时复用为低 8 位地址总线和双向数据总线。

P1 口（1～8 脚）：P1.0～P1.7 统称为 P1 口，可作为准双向 I/O 接口使用。对于 52 子系列，P1.0 与 P1.1 还有第二功能：P1.0 可用作定时器/计数器 2 的计数脉冲输入端 T2，P1.1 可用作定时器/计数器 2 的外部控制端 T2EX。

P2 口（21～28 脚）：P2.0～P2.7 统称为 P2 口，一般可作为准双向 I/O 接口使用；在接有片外存储器或扩展 I/O 接口且寻址范围超过 256 字节时，P2 口用作高 8 位地址总线。

P3 口（10～17 脚）：P3.0～P3.7 统称为 P3 口。除作为准双向 I/O 接口使用外，还可以将每一位用于第二功能，而且 P3 口的每一条引脚均可独立定义为第一功能的输入输出或第二功能。

（2）控制线

ALE/PROG（30 脚）：地址锁存信号输出端。ALE 在每个机器周期内输出两个脉冲。

$\overline{\text{PSEN}}$（29 脚）：片外 ROM 读选通信号输出端，低电平有效。

RST/V$_{pd}$（9 脚）：RST 即为 RESET，V$_{pd}$ 为备用电源。当单片机振荡器工作时，该引脚上出现持续两个机器周期的高电平，就可实现复位操作，使单片机回到初始状态。上电时，考虑到振荡器有一定的起振时间，该引脚上高电平必须持续 10ms 以上才能保证有效复位。

EA/V$_{pp}$（31 脚）：EA 为片外 ROM 选用端。该引脚低电平时，选用片外 ROM，高电平或悬空时选用片内 ROM。

主电源引脚 V$_{CC}$（40 脚）：接+5V 电源正端。

V$_{SS}$（20 脚）：接+5V 电源地端。

外接晶体引脚 XTAL1、XTAL2（19、18 脚）：当使用单片机内部振荡电路时，这两个引脚用来外接石英晶体和微调电容器，如图 3.12 所示。在单片机内部，它们作为一个反相放大器的输入端，这个放大器构成了片内振荡器。

当采用外部时钟时，对于 HMOS 单片机，XTAL1 引脚接地，XTAL2 引脚接片外振荡脉冲输入（带上拉电阻器），如图 3.13 所示；对于 CHMOS 单片机，XTAL2 引脚接地，XTAL1 引脚接片外振荡脉冲输入（带上拉电阻器），如图 3.14 所示。

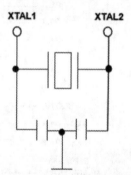

图 3.12　外接晶振时钟电路

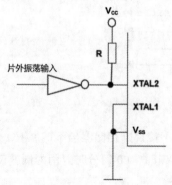

图 3.13　HMOS 型外接时钟电路

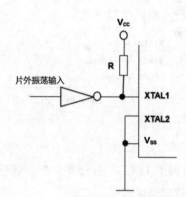

图 3.14　CHMOS 型外接时钟电路

2．片外总线结构

单片机的引脚除了电源线、复位线、时钟输入及用户 I/O 接口外，其余的引脚都是为了实现系统扩展而设置的。这些引脚构成了片外地址总线、数据总线和控制总线三总线形式，如图 3.15 所示。

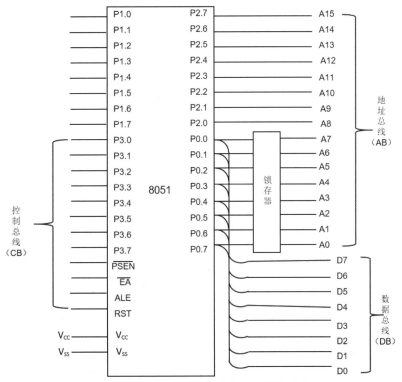

图 3.15　MCS-51 系列单片机三总线形式

地址总线：地址总线的宽度为 16 位，寻址范围都为 64KB，由 P0 口经地址锁存器提供低 8 位（A7 ～ A0）、P2 口提供高 8 位（A15 ～ A8）而形成，可对片外 ROM 和片外 RAM 寻址。

数据总线：数据总线的宽度为 8 位，由 P0 口直接提供。

控制总线：由第二功能状态下的 P3 口和 4 根独立的控制线 RST、$\overline{EA}$、ALE、$\overline{PSEN}$ 组成。

【任务实施】

一、总体方案设计

要实现单片机控制 LED 彩灯的功能，主要涉及单片机最小系统、8 位 LED 组成的硬件和必要的软件部分的设计。单片机控制 LED 彩灯的方框图如图 3.16 所示。

任务 3.2　任务实施

二、硬件电路设计

由 AT89C51 单片机、时钟电路、复位电路构成一个基本的单片机系统，再由单片机的 P1 口的 I/O 引脚连接 8 位 LED 的负极，而正极经电阻器后统一连接到+5V 电源上。其原理如图 3.17 所示。

（1）复位电路可以提供"上电复位"。

（2）时钟电路以12MHz的频率向单片机提供振荡脉冲，保证单片机以规定的频率运行。

（3）$\overline{EA}$ 接 V_{CC}（高电平），表示选择使用从单片机内部 0000H ~ 0FFFH 到外部 1000H ~ FFFFH 这一区域的 ROM。

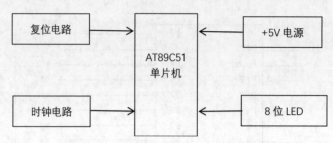

图 3.16　单片机控制 LED 彩灯的方框图

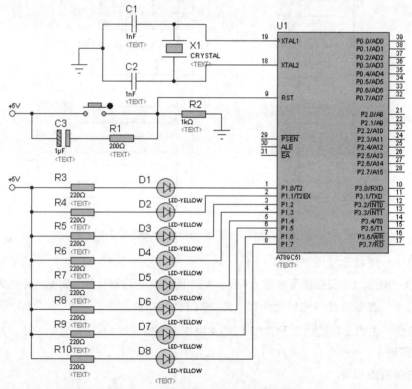

图 3.17　单片机控制 LED 彩灯的原理

三、软件设计

（1）功能分析。要实现彩灯功能，比如流水灯效果，可在 8 位 LED 中的 1、3、5、7 位输出低电平，2、4、6、8 位输出高电平；延时；然后在 1、3、5、7 位输出高电平，2、4、6、8 位输出低电平；延时。重复上述过程。

（2）程序设计与实现。C 语言源程序代码参考如下。

```
#include<reg51.h>
void main(void)
```

```
{
  unsigned char j;
  unsigned int i;
  do{
      for(j=0;j<7;j++)
      {
          P1=0xaa;
          for(i=0;i<50000;i++);
          P1=0x55;
          for(i=0;i<50000;i++);
      }
      for(j=0;j<7;j++)
      {
          P1=0x55;
          for(i=0;i<50000;i++);
          P1=0xaa;
          for(i=0;i<50000;i++);
      }
  }while(1);
}
```

（3）利用 Proteus 仿真软件对系统进行电路仿真实现，如图 3.18 所示。

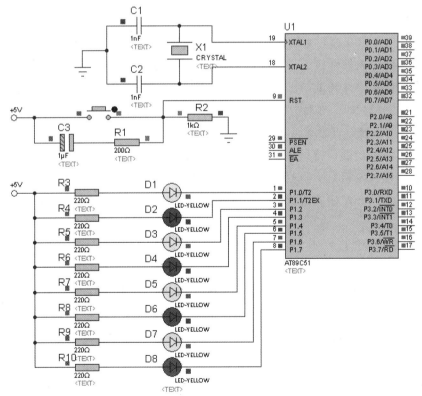

图 3.18　单片机控制 LED 彩灯的电路仿真实现

四、系统调试

1. 硬件调试

硬件是系统的基础，只有硬件能够全部正常工作后才能在此基础上加载软件，从而实现系统功能。

电源部分提供整个电路所需的各种电压，因此，首先确定电源电压是否正确，其次确定单片机的电源引脚电压是否正确，然后确定是不是所有的接地引脚都接了地。如果单片机有内核电压的引脚，需测试内核电压是否正确。随后测量晶振有没有起振，一般晶振起振时两个引脚都会有 1V 左右的电压。接着检查复位电路是否正常。注意测量单片机的 ALE 引脚，看是否有脉冲波输出（ 51 单片机的 ALE 引脚信号为地址锁存信号，每个机器周期输出两个正脉冲 ），从而判断单片机是否工作。最后检查数码管是否完好或接好。

2. 软件调试

如果检查硬件电路后确定没有问题却实现不了设计要求，则可能是软件编程的问题。首先应检查主程序，然后是分段程序，要注意逻辑顺序、调用关系，以及涉及的标号，有时会因为一个标号而影响程序的执行。除此之外，还要熟悉各指令的用法，以免出错。还有一个容易忽略的问题，即源程序生成的代码是否已输入单片机中，如果这一过程遗漏，那肯定不能实现设计要求。

3. 软硬件联调

软件调试主要是在编写系统软件时涉及，一般使用 Keil 进行软件的编写和调试。编写软件时首先要分清软件应该分成哪些部分，不同的部分分开编写调试是最方便的。

在硬件调试和软件调试均正确的前提下，再进行软硬件联调。首先将调试好的软件通过下载器下载到单片机，然后上电查看运行结果。观察系统是否达到预期设计效果，如果未达到，先利用示波器观察单片机的时钟电路，看是否有信号，因为时钟电路是单片机工作的前提，所以一定要保证时钟电路正常。如果不能分析出是硬件问题还是软件问题，就重新检查软硬件及接线。一般情况下硬件问题可以通过万用表等工具检测出来，如果硬件没有问题，则必然是软件问题，就应该重新检查软件，重复上述过程，直至达到预期设计效果。

【 任务总结与评价 】

1. 任务总结

本任务在单片机的最小系统基础上，外接 8 位 LED，单片机 I/O 接口只需控制 LED 的阴极，阳极统一接+5V 电源。根据彩灯效果需要，编程实现 P1 口不同的数据输出，适当延时后，即可实现彩灯效果。通过完成本任务，初学者可掌握 I/O 接口的工作原理及显示原理。

2. 任务评价

本任务的考核评价体系如表 3.3 所示。

表 3.3　任务 3.2 考核评价体系

班　　级		项目任务			
姓　　名		教　　师			
学　　期		评分日期			
评分内容（满分 100 分）			学生自评	同学互评	教师评价
专业技能 （70 分）	理论知识（20 分）				
	硬件系统的搭建（10 分）				
	程序设计（10 分）				
	仿真实现（20 分）				
	任务汇报（10 分）				
综合素养 （30 分）	遵守现场操作的职业规范（10 分）				
	信息获取的能力（10 分）				
	团队合作精神（10 分）				
各项得分					
综合得分 （学生自评 30%，同学互评 30%、教师评价 40%）					

项目4
单片机C语言程序设计

04

【学习目标】

知识目标	1. 了解 C 语言与 C51 单片机程序特点； 2. 掌握 C51 单片机程序语言的常见数据类型、定义相关类型的关键字； 3. 掌握 C51 单片机程序语言的运算量、运算符及表达式； 4. 理解 C51 单片机程序语言的程序表达式、选择、循环、函数等程序结构。
能力目标	1. 能根据给定程序代码查找出程序的语法错误，分析出程序的功能； 2. 能根据给定程序代码分析出程序的选择、循环、函数等结构； 3. 能编写简单的程序代码。
素质目标	1. 养成安全红线的意识，树立安全生产的理念； 2. 培养较强的社会责任感和较好的人文科学素养； 3. 培养较强的逻辑思维能力。

【项目导读】

本项目是对单片机系统实现软件功能的 C 程序的介绍。项目将从标准 C 语言与 C51 单片机的特点结构、程序代码、组成要素等知识入手，先分析基于 C51 单片机的 C 程序代码段的语义，再分析 C 程序中程序流程控制、常见 C 程序模块。初学者通过本项目的学习，能理解基于 C 语言的单片机程序代码，掌握 C 语言的语法、程序流控制及模块化的基本知识。本项目的知识导图如图 4.1 所示。

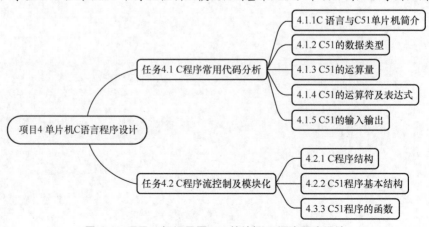

图 4.1　项目 4 知识导图——单片机 C 语言程序设计

任务 4.1 C 程序常用代码分析

【任务描述】

本任务主要介绍 C 语言与单片机之间的关系，以及标准 C 语言和单片机各自的特点，在此基础上分析注释每条 C 语言代码表达的单片机对应的控制功能。要求学完本任务后对常见单片机程序结构及程序代码段能熟记应用，为后续编程打下基础。

【知识链接】

C 语言是单片机应用系统开发中广泛使用的程序设计语言。它和汇编语言相比，在功能、结构、可读性、可移植性、可维护性等方面都具有非常明显的优势，深受广大单片机开发人员的欢迎。

4.1.1 C 语言与 C51 单片机简介

1. C 语言的特点及程序结构

C 语言具有简洁、紧凑，使用方便、灵活，运算符丰富等特点。C 语言还具有各种数据结构，可进行结构化程序设计，可直接对计算机硬件进行操作，生成的目标代码质量高，程序执行效率高，可移植性好。

2. C51 单片机编程特点

用 C 语言编写 MCS-51 系列单片机程序与用汇编语言编写 MCS-51 系列单片机程序不一样。用汇编语言编写 MCS-51 系列单片机程序必须考虑其存储器结构，尤其必须考虑其片内 RAM 与特殊功能寄存器的使用，以及按实际地址处理端口数据的问题。用 C 语言编写 MCS-51 系列单片机应用程序的语言称为 C51，是继承自 C 语言的单片机编程语言，虽然不用像汇编语言那样具体组织、分配存储器资源和处理端口数据，但对变量的定义（包括对数据类型的确定）必须与单片机的存储结构相关联，否则编译器不能正确地映射定位。

用 C 语言编写单片机应用程序与标准的 C 程序开发也有一定的区别，具体如下：在用 C 语言编写单片机应用程序时，需根据单片机存储结构及内部资源定义相应变量，而标准的 C 程序开发不需要考虑这些问题；C51 包含的数据类型、变量存储模式、输入输出处理、函数等方面与标准的 C 语言有一定的区别。其他的如语法规则、程序结构及程序设计方法等与标准的 C 语言程序设计相同。

支持 MCS-51 系列单片机的 C 语言编译器有很多种，如 American Automation、Avocet、BSO/Tasking、Dunfield Shareware、Keil/Franklin 等。各种编译器的基本情况相同，但具体使用方法有一定的区别，其中 Keil/Franklin 以代码紧凑和使用方便等特点优于其他编译器，得到广泛应用。本书基于 Keil/Franklin 编译器介绍 MCS-51 系列单片机 C 语言程序设计。

4.1.2 C51 的数据类型

C51 的数据类型分为基本数据类型和组合数据类型，与标准 C 语言中的数据类型基本相同，但又有一定的区别，如整型 int 和长整型 long 在存储器中的存储格式与标准 C 语言不一样。另外，C51 中还有专门针对 MCS-51 系列单片机的特殊功能寄存器类型和位类型。

1. char（字符型）

char 有 signed char 和 unsigned char 之分，默认为 signed char。它们的长度均为 1 字节，用于存放一个单字节的数据。signed char 用于定义带符号字节数据，其字节的最高位为符号位（"0"表示正数、"1"表示负数），用补码表示，所能表示的数值范围是 −128～127；unsigned char 用于定义无符号字节数据或字符，可以存放 1 字节的无符号数，其取值范围为 0～255。unsigned char 可以用来存放无符号数，也可以用来存放西文字符，一个西文字符占 1 字节，在计算机内部用 ASCII 存放。

4.1.2

2. int（整型）

int 有 singed int 和 unsigned int 之分，默认为 signed int。它们的长度均为 2 字节，用于存放一个双字节数据。signed int 用于存放 2 字节带符号数，用补码表示，数的范围为 −32768～32767；unsigned int 用于存放 2 字节无符号数，数的范围为 0～65535。

3. long（长整型）

long 有 singed long 和 unsigned long 之分，默认为 signed long。它们的长度均为 4 字节，用于存放一个 4 字节数据。signed long 用于存放 4 字节带符号数，用补码表示，数的范围为 −2147483648～2147483647；unsigned long 用于存放 4 字节无符号数，数的范围为 0～4294967295。

4. float（浮点型）

float 型数据的长度为 4 字节，格式符合 IEEE 754 标准的单精度浮点型数据，包含指数和尾数两部分，最高位为符号位（"1"表示负数、"0"表示正数），其次的 8 位为阶码，最后的 23 位为尾数的有效数位。由于尾数的整数部分隐含为 "1"，所以尾数的精度为 24 位。

5. *（指针型）

指针型本身就是一个变量，在这个变量中存放指向另一个数据的地址。这个指针变量要占用一定的内存单元，针对不同的处理器其长度不一样，在 C51 中它的长度一般为 1～3 字节。

6. 特殊功能寄存器类型

这是 C51 扩充的数据类型，用于访问 MCS-51 系列单片机中的特殊功能寄存器数据，它分 sfr 和 sfr16 两种类型，其中 sfr 为字节型特殊功能寄存器类型，占一个内存单元，利用它可以访问 MCS-51 内部的所有特殊功能寄存器；sfr16 为双字节型特殊功能寄存器类型，占用两个字节单元，利用它可以访问 MCS-51 内部的所有双字节特殊功能寄存器。在 C51 中访问特殊功能寄存器必须先用 sfr 或 sfr16 进行声明。

7. 位类型

位类型也是 C51 扩充的数据类型，用于访问 MCS-51 系列单片机中的可寻址的位单元。在 C51 中，支持两种位类型：bit 型和 sbit 型。它们在内存中都只占一个二进制位，其值可以是 "1" 或 "0"。其中用 bit 定义的位变量在 C51 编译器编译时，位地址是可以变化的；而用 sbit 定义的位变量必须与 MCS-51 系列单片机的一个可寻址位单元或可位寻址的字节单元中的某一位联系在一起，在 C51 编译器编译时，其对应的位地址是不可变化的。C51 基本数据类型及其长度和取值范围如表 4.1 所示。

表 4.1　C51 基本数据类型及其长度和取值范围

基本数据类型	长度	取值范围
unsigned char	1 字节	0 ~ 255
signed char	1 字节	−128 ~ 127
unsigned int	2 字节	0 ~ 65535
signed int	2 字节	−32768 ~ 32767
unsigned long	4 字节	0 ~ 4294967295
signed long	4 字节	−2147483648 ~ 2147483647
float	4 字节	±1.175494E−38 ~ ±3.402823E+38
bit	1 位	0 或 1
sbit	1 位	0 或 1
sfr	1 字节	0 ~ 255
sfr16	2 字节	0 ~ 65535

在 C51 程序中，有可能会出现运算中数据类型不一致的情况。C51 允许任何标准数据类型的隐式转换，隐式转换的优先级顺序为 bit→char→int→long→float signed→unsigned。也就是说，当 char 型与 int 型进行运算时，先自动将 char 型扩展为 int 型，然后以 int 型进行运算，运算结果为 int 型。C51 除了支持隐式类型转换，还可以通过强制类型转换符 "（　）" 对数据类型进行人为的强制转换。C51 编译器除了支持以上这些基本数据类型，还支持一些复杂的组合型数据类型，如数组类型、指针类型、结构类型、联合类型等。

4.1.3　C51 的运算量

1. 常量

常量是指在程序执行过程中其值不能改变的量。C51 支持整型常量、长整型常量、浮点型常量、字符型常量和字符串型常量。

整型常量：整型常量也就是整型常数，根据其值范围在计算机中分配不同的字节数来存放。在 C51 中它可以表示成以下几种形式：十进制整数，如 234、−56、0 等；十六进制整数，以 0x 开头表示，如 0x12 表示十六进制数 12H。

长整型常量：在 C51 中，当一个整数的值达到长整型的范围，则该数按长整型存放，在存储器中占 4 字节。另外，如一个整数后面加一个字母 L，这个数在存储器中也按长整型存放，如 123L 在存储器中占 4 字节。

浮点型常量：浮点型常量也就是实型常数，有十进制表示形式和指数表示形式两种。十进制表示形式由数字和小数点组成，如 0.123、34.645 等都是十进制表示形式的浮点型常量。指数表示形式为[±]数字[.]数字 e[±]数字，例如 123.456e−3、−3.123e2 等都是指数表示形式的浮点型常量。有时，也用大写字母 E 代替小写字母 e，例如，123.456E-3 与 123.456e-3 数值相同。

字符型常量：字符型常量是用单引号标记的字符，如‘a’、‘1’、‘F’等。可以是可显示的 ASCII 字符，也可以是不可显示的控制字符。对不可显示的控制字符，需在前面加上反斜线“\”组成转义字符。利用转义字符，可以完成一些特殊功能和输出格式的控制。

字符串型常量：字符串型常量由双引号“”标记，如“D”、“1234”、“ABCD”等。注意字符串型常量与字符型常量不一样，一个字符型常量在计算机内只用一个字节存放；而一个字符串型常量在内存中存放时，不仅双引号内的字符一个占一个字节，而且系统会自动在后面加一个转义字符“\0”作为字符串结束符。因此不要将字符型常量和字符串型常量混淆，如字符型常量‘A’和字符串型常量“A”是不一样的。

2. 变量

变量是在程序运行过程中其值可以改变的量。一个变量由两部分组成：变量名和变量值。在 C51 中，变量在使用前必须进行定义，指出数据类型和存储模式，以便编译系统为它分配相应的存储单元。

定义的格式如下。

[存储种类] 数据类型说明符 [存储器类型] 变量名 1[=初值],变量名 2[初值]…

（1）数据类型说明符

在定义变量时，必须通过数据类型说明符指明变量的数据类型，指明变量在存储器中占用的字节数。可以是基本数据类型说明符，也可以是组合数据类型说明符，还可以是用 typedef 定义的类型别名。在 C51 中，为了增加程序的可读性，允许用户为系统固有的数据类型说明符用 typedef 起别名，格式如下。

typedef C51 固有的数据类型说明符　别名；

定义别名后，就可以用别名代替数据类型说明符对变量进行定义。别名可以用大写，也可以用小写，为了便于区分一般用大写字母表示。

例 4-1　typedef 的使用。

```
typedef unsigned int WORD;
typedef unsigned char BYTE;
BYTE a1=0x12;
WORD a2=0x1234;
```

（2）变量名

变量名是为了区分不同变量，为不同变量取的名称。在 C51 中，规定变量名可以由字母、数字和下画线 3 种字符组成，且第一个字符必须为字母或下画线。变量名有两种：普通变量名和指针变量名。它们的区别是指针变量名前面要带“*”。

（3）存储种类

存储种类是指变量在程序执行过程中的作用范围。C51 变量的存储种类有 4 种，分别是 auto（自动）、extern（外部）、static（静态）和 register（寄存器）。

auto：使用 auto 定义的变量称为自动变量，其作用范围在定义它的函数体或复合语句内部。当定义它的函数体或复合语句执行时，C51 才为该变量分配内存空间；结束时，占用的内存空间释放。自动变量一般分配在内存的堆栈空间中。定义变量时，如果省略存储种类，则该变量默认为自动变量。

extern：使用 extern 定义的变量称为外部变量。在一个函数体内，要使用一个已在该函数体外或别的程序中定义过的外部变量时，要在该函数体内用 extern 说明该变量。外部变量被定义后分配固定的内存空间，在程序整个执行时间内都有效，直到程序结束才释放。

static：使用 static 定义的变量称为静态变量。它又分为内部静态变量和外部静态变量。在函数体内部定义的静态变量为内部静态变量，它在对应的函数体内有效，一直存在，但在函数体外不可见。这样不仅使变量在定义它的函数体外被保护，还可以实现当离开函数时值不被改变。外部静态变量是在函数外部定义的静态变量，它在程序中一直存在，但在定义的范围之外是不可见的。如在多文件或多模块处理中，外部静态变量只在文件内部或模块内部有效。

register：使用 register 定义的变量称为寄存器变量。它定义的变量存放在 CPU 内部的寄存器中，处理速度快，但数目少。C51 编译器在编译时能自动识别程序中使用频率最高的变量，并自动将其作为寄存器变量，用户无须专门声明。

（4）存储器类型

存储器类型用于指明变量所处的单片机的存储器区域情况。存储器类型与存储种类完全不同。C51 编译器能识别的存储器类型及其描述如表 4.2 所示。

表 4.2　存储器类型及其描述

存储器类型	描述
data	直接寻址的片内 RAM 低 128B，访问速度快
bdata	片内 RAM 的可位寻址区（20H～2FH），允许字节和位混合访问
idata	间接寻址访问的片内 RAM，允许访问全部片内 RAM
pdata	用 Ri 间接访问的片外 RAM 低 256B
xdata	用 DPTR 间接访问的片外 RAM，允许访问全部 64KB 片外 RAM
code	ROM 64KB 空间

定义变量有时也可以省略"存储器类型"，省略时 C51 编译器将按存储模式默认的变量的存储器类型处理，后文会具体介绍存储模式。

例 4-2　不同存储种类和存储器类型变量的定义。

```
    char data var1;      /*在片内 RAM 低 128B 定义用直接寻址方式访问的字符型变量 var1*/
    int idata var2;      /*在片内 RAM 256B 定义用间接寻址方式访问的整型变量 var2*/
    auto unsigned long data var3; /*在片内 RAM 128B 定义用直接寻址方式访问的自动
无符号长整型变量 var3*/
    extern float xdata var4; /*在片外 RAM 64KB 空间定义用间接寻址方式访问的外部浮
点型变量 var4*/
    int code var5;               /*在 ROM 空间定义整型变量 var5*/
    unsign char bdata var6; /*在片内 RAM 位寻址区 20H～2FH 单元定义可字节处理和位处
理的无符号字符型变量 var6*/
```

（5）特殊功能寄存器变量

MCS-51 系列单片机片内有许多特殊功能寄存器，通过这些特殊功能寄存器可以控制

MCS-51 系列单片机的定时/计数器、串口、I/O 接口及其他功能部件，每一个特殊功能寄存器在片内 RAM 中都对应于一个字节单元或两个字节单元。在 C51 中，允许用户对这些特殊功能寄存器进行访问，访问时需通过 sfr 或 sfr16 类型说明符进行定义，定义时需指明它们所对应的片内 RAM 单元的地址。格式如下。

> sfr 或 sfr16 特殊功能寄存器名=地址;

sfr 用于对 MCS-51 系列单片机中单字节的特殊功能寄存器进行定义，sfr16 用于对双字节特殊功能寄存器进行定义。特殊功能寄存器名一般用大写字母表示。地址一般用直接地址形式，特殊功能寄存器具体地址见项目 1 中的表 1.9。

例 4-3 特殊功能寄存器的定义。

```
sfr PSW=0xd0;
sfr SCON=0x98;
sfr TMOD=0x89;
sfr P1=0x90;
sfr16 DPTR=0x82;
sfr16 T1=0x8A;
```

（6）位变量

在 C51 中，允许用户通过位类型符定义位变量。位类型符有两个——bit 和 sbit，用以定义两种位变量。bit 位类型符用于定义一般的可位处理位变量，格式如下。

> bit 位变量名;

在格式中可以加上各种修饰，但注意存储器类型只能是 bdata、data、idata，只能是片内 RAM 的可位寻址区，严格来说只能是 bdata。

例 4-4 bit 型变量的定义。

```
bit data a1;  /*正确*/
bit bdata a2; /*正确*/
bit pdata a3; /*错误*/
bit xdata a4; /*错误*/
```

sbit 位类型符用于定义位地址确定的位变量，定义的位变量可以在片内数据存储器位寻址区，也可为特殊功能寄存器中的可位寻址位。定义时需指明其位地址，可以是位直接地址，可以是可位寻址变量带位号，也可以是特殊功能寄存器名带位号。格式如下。

> sbit 位变量名=位地址;

如位地址为位直接地址，其取值范围为 0x00 ~ 0xff；如位地址是可位寻址变量带位号或特殊功能寄存器名带位号，则在它前面需对可位寻址变量或特殊功能寄存器进行定义。字节地址与位号之间、特殊功能寄存器与位号之间一般用 "^" 分隔。

例 4-5 sbit 型变量的定义。

```
sbit OV=0xd2;
sbit CY=0xd7;
unsigned char bdata flag;
sbit flag0=flag^0;
sfr P1=0x90;
sbit P1_0=P1^0;
sbit P1_1=P1^1;
```

```
sbit P1_2=P1^2;
sbit P1_3=P1^3;
sbit P1_4=P1^4;
sbit P1_5=P1^5;
sbit P1_6=P1^6;
sbit P1_7=P1^7;
```

在 C51 中，为了用户处理方便，C51 编译器把 MCS-51 系列单片机的常用特殊功能寄存器和特殊位进行了定义，放在名为"reg51.h"或"reg52.h"的头文件中。用户在使用之前只需要用一条预处理命令#include 把这个头文件包含到程序中，然后就可使用特殊功能寄存器名和特殊位名称。

3. 存储模式

C51 编译器支持 3 种存储模式：SMALL 模式、COMPACT 模式和 LARGE 模式。不同的存储模式对变量默认的存储器类型不一样。

SMALL 模式：SMALL 模式称为小编译模式，在 SMALL 模式下，编译时，函数参数和变量被默认在片内 RAM 中，存储器类型为 data。

COMPACT 模式：COMPACT 模式称为紧凑编译模式，在 COMPACT 模式下，编译时，函数参数和变量被默认在片外 RAM 的低 256B 空间，存储器类型为 pdata。

LARGE 模式：LARGE 模式称为大编译模式，在 LARGE 模式下，编译时，函数参数和变量被默认在片外 RAM 的 64KB 空间，存储器类型为 xdata。

在程序中变量的存储模式的指定通过#pragma 预处理命令来实现。函数的存储模式可通过在函数定义时后面带存储模式说明。如果没有指定，则默认为 SMALL 模式。

例 4-6　变量的存储模式。

```
#pragma small                   /*变量的存储模式为 SMALL*/
char k1;
int xdata m1;
#pragma compact                 /*变量的存储模式为 COMPACT*/
char k2;
int xdata m2;
int func1(int x1,int y1) large  /*函数的存储模式为 LARGE*/
{
  return(x1+y1);
}
int func2(int x2,int y2)        /*函数的存储模式默认为 SMALL*/
{ return(x2-y2); }
```

程序编译时，k1 变量存储器类型为 data，k2 变量存储器类型为 pdata，而 m1 和 m2 由于定义时带了存储器类型 xdata，因而它们为 xdata 型；函数 func1 的形参 x1 和 y1 的存储器类型为 xdata，而函数 func2 由于没有指明存储模式，默认为 SMALL 模式，形参 x2 和 y2 的存储器类型为 data。

4. 绝对地址的访问

（1）使用 C51 运行库中的预定义宏

C51 编译器提供了一组宏定义来对 MCS-51 系列单片机的 code、data、pdata 和 xdata 空间进行绝对寻址。规定只能以无符号数方式访问，8 个宏定义函数原型如下。

```
#define CBYTE((unsigned char volatile*)0x50000L)
#define DBYTE((unsigned char volatile*)0x40000L)
#define PBYTE((unsigned char volatile*)0x30000L)
#define XBYTE((unsigned char volatile*)0x20000L)
#define CWORD((unsigned int volatile*)0x50000L)
#define DWORD((unsigned int volatile*)0x40000L)
#define PWORD((unsigned int volatile*)0x30000L)
#define XWORD((unsigned int volatile*)0x20000L)
```

这些函数原型放在 absacc.h 头文件中。使用时需用预处理命令#include 把该头文件包含到程序中。其中：CBYTE 以字节形式对 code 区寻址，DBYTE 以字节形式对 data 区寻址，PBYTE 以字节形式对 pdata 区寻址，XBYTE 以字节形式对 xdata 区寻址，CWORD 以字形式对 code 区寻址，DWORD 以字形式对 data 区寻址，PWORD 以字形式对 pdata 区寻址，XWORD 以字形式对 xdata 区寻址。访问形式如下。

宏名[地址]

宏名为 CBYTE、DBYTE、PBYTE、XBYTE、CWORD、DWORD、PWORD 或 XWORD。地址为存储单元的绝对地址，一般用十六进制形式表示。

例 4-7　绝对地址对存储单元的访问。

```
#include<absacc.h>              /*将绝对地址头文件包含在程序中*/
#include<reg52.h>              /*将寄存器头文件包含在程序中*/
#define uchar unsigned char    /*定义符号 uchar 为数据类型符 unsigned char*/
#define uint unsigned int      /*定义符号 uint 为数据类型符 unsigned int*/
void main(void)
{
    uchar var1;
    uint var2;
    var1=XBYTE[0x0005];        /*XBYTE[0x0005]访问片外 RAM 的 0005 字节单元*/
    var2=XWORD[0x0002];        /*XWORD[0x0002]访问片外 RAM 的 0002 字节单元*/
    ......
    while(1);
}
```

在上面的程序中，XBYTE[0x0005]就是以绝对地址方式访问片外 RAM 的 0005 字节单元；XWORD[0x0002]就是以绝对地址方式访问片外 RAM 的 0002 字单元。

（2）通过指针访问

采用指针的方法，可以实现在 C51 程序中对任意指定的存储器单元进行访问。

例 4-8　通过指针实现绝对地址的访问。

```
#define uchar unsigned char /*定义符号 uchar 为数据类型符 unsigned char*/
#define uint unsigned int   /*定义符号 uint 为数据类型符 unsigned int*/
void func(void)
{
    uchar data var1;
    uchar pdata *dp1;         /*定义一个指向 pdata 区的指针 dp1*/
    uint xdata *dp2;          /*定义一个指向 xdata 区的指针 dp2*/
    uchar data *dp3;          /*定义一个指向 data 区的指针 dp3*/
```

```
        dp1=0x30;                /*为 dp1 指针赋值,指向 pdata 区的 30H 单元*/
        dp2=0x1000;              /*为 dp2 指针赋值,指向 xdata 区的 1000H 单元*/
        *dp1=0xff;               /*将数据 0xff 送到片外 RAM 的 30H 单元*/
        *dp2=0x1234;             /*将数据 0x1234 送到片外 RAM 的 1000H 单元*/
        dp3=&var1;               /*dp3 指针指向 data 区的 var1 变量*/
        *dp3=0x20;               /*给变量 var1 赋值 0x20*/
    }
```

（3）使用 C51 扩展关键字 _at_

使用 _at_ 可以对指定的存储器空间的绝对地址进行访问，一般格式如下。

> [存储器类型]数据类型说明符变量名 _at_ 地址常数；

其中，存储器类型为 data、bdata、idata、pdata 等，如省略则按存储模式规定的默认存储器类型确定变量的存储器区域；数据类型为 C51 支持的数据类型；地址常数用于指定变量的绝对地址，必须位于有效的存储器空间之内；使用 _at_ 定义的变量必须为全局变量。

例 4-9　通过 _at_ 实现绝对地址的访问。

```
#define uchar unsigned char /*定义符号 uchar 为数据类型符 unsigned char*/
#define uint unsigned int   /*定义符号 uint 为数据类型符 unsigned int*/
void main(void)
{
    data uchar x1 _at_ 0x40;   /*在 data 区中定义字节变量 x1,它的地址为 40H*/
    xdata uint x2 _at_ 0x2000; /*在 xdata 区中定义字变量 x2,它的地址为 2000H*/
    x1=0xff;
    x2=0x1234;
    ......
    while(1);
}
```

4.1.4　C51 的运算符及表达式

1. 赋值运算符

在 C51 中，赋值运算符"="的功能是将一个值赋给一个变量，如 x=10。利用赋值运算符将一个变量与一个表达式连接起来的式子称为赋值表达式，在赋值表达式的后面加一个分号";"就构成了赋值语句，一个赋值语句的格式如下。

4.1.4

> 变量=表达式；

执行时先计算出右边表达式的值，然后赋给左边的变量。例如：

> x=8+9; /*将 8+9 的值赋给变量 x*/
> x=y=5; /*将常数 5 同时赋给变量 x 和 y*/

在 C51 中，允许在一个语句中同时给多个变量赋值，赋值顺序自右向左。

2. 算术运算符

C51 中支持的算术运算符如下。

+：加或取正值运算符。

−：减或取负值运算符。

*：乘运算符。

/：除运算符。

%：取余运算符。

加、减、乘运算相对比较简单，而对于除运算，如相除的两个数为浮点数，则运算的结果也为浮点数，如相除的两个数为整数，则运算的结果也为整数，即整除。如 25.0/20.0 的结果为 1.25，而 25/20 的结果为 1。对于取余运算，则要求参加运算的两个数必须为整数，运算结果为它们的余数。例如 x=5%3，则 x 的值为 2。

3．关系运算符

C51 中有如下 6 种关系运算符。

>：大于。

<：小于。

>=：大于等于。

<=：小于等于。

==：等于。

!=：不等于。

关系运算用于比较两个数的大小，用关系运算符将两个表达式连接起来形成的式子称为关系表达式。关系表达式通常用于作为判别条件构造分支或循环程序。关系表达式的一般形式如下。

```
表达式 1  关系运算符  表达式 2
```

关系运算的结果为逻辑量，成立为真（其值为 1），不成立为假（其值为 0）。其结果可以作为一个逻辑量参与逻辑运算。例如 5>3 结果为真（其值为 1），而 10==100 结果为假（其值为 0）。注意：关系运算符等于"=="是由两个"="组成的。

4．逻辑运算符

C51 有如下 3 种逻辑运算符。

||：逻辑或。

&&：逻辑与。

!：逻辑非。

关系运算符用于反映两个表达式之间的大小关系，逻辑运算符则用于求条件式的逻辑值，用逻辑运算符将关系表达式或逻辑量连接起来的式子就是逻辑表达式。

逻辑与，格式如下：

```
条件式 1  &&  条件式 2
```

当条件式 1 与条件式 2 都为真时，结果为真（非 0 值），否则为假（0 值）。

逻辑或，格式如下：

```
条件式 1  ||  条件式 2
```

当条件式 1 与条件式 2 都为假时，结果为假（0 值），否则为真（非 0 值）。

逻辑非，格式如下：

```
!条件式
```

若条件式原来为真（非 0 值），逻辑非后，结果为假（0 值）。若条件式原来为假（0 值），逻辑非后，结果为真（非 0 值）。

例如，若 a=8、b=3、c=0，则!a 为假，a&&b 为真，b&&c 为假。

5．位运算符

C51 语言能对运算对象按位进行操作，它与汇编语言使用一样方便。位运算是按位对变量进行运算，但并不改变参与运算的变量的值。如果要求按位改变变量的值，则要利用相应的赋值运算。C51 中位运算符只能对整数进行操作，不能对浮点数进行操作。C51 中的位运算符如下。

&：按位与。

|：按位或。

^：按位异或。

~：按位取反。

<<：左移。

>>：右移。

例 4-10　设 a=0x54=01010100B，b=0x3b=00111011B，则 a&b、a|b、a^b、~a、a<<2、b>>2 分别为多少？

a&b=00010000B=0x10

a|b=01111111B=0x7f

a^b=01101111B=0x6f

~a=10101011B=0xab

a<<2=01010000=0x50

b>>2=00001110B=0x0e

6．复合赋值运算符

C51 语言支持在赋值运算符"＝"的前面加上其他运算符，组成复合赋值运算符。

C51 中支持的复合赋值运算符如下。

+=：加法赋值。

−=：减法赋值。

*=：乘法赋值。

/=：除法赋值。

%=：取模赋值。

&=：逻辑与赋值。

|=：逻辑或赋值。

^=：逻辑异或赋值。

~=：逻辑非赋值。

>>=：右移位赋值。

<<=：左移位赋值。

复合赋值运算的一般格式如下。

它的处理过程：先把变量与后面的表达式进行某种运算，然后将运算的结果赋给前面的变量。其实这是 C51 语言简化程序的一种方法，大多数二目运算都可以用复合赋值运算符简化表示。例如 a+=6 相当于 a=a+6，a*=5 相当于 a=a*5，b&=0x55 相当于 b=b&0x55，x>>=2相当于 x=x>>2。

7．逗号运算符

在 C51 语言中，逗号","是一个特殊的运算符，可以用它将两个或两个以上的表达式连接起来，称为逗号表达式。逗号表达式的一般格式如下。

表达式 1,表达式 2,…,表达式 *n*

程序执行时对逗号表达式的处理：按从左至右的顺序依次计算出各个表达式的值，而整个逗号表达式的值是最右边的表达式（表达式 *n*）的值。例如 x=(a=3,6*3)，x 的值为 18。

8．条件运算符

条件运算符"?:"是 C51 语言中唯一的一个三目运算符，它要求有 3 个运算对象，用它可以将 3 个表达式连接在一起构成一个条件表达式。条件表达式的一般格式如下。

逻辑表达式?表达式 1:表达式 2

其功能是先计算逻辑表达式的值，当逻辑表达式的值为真（非 0 值）时，将计算的表达式 1 的值作为整个条件表达式的值；当逻辑表达式的值为假（0 值）时，将计算的表达式 2 的值作为整个条件表达式的值。例如条件表达式 max=(a>b)?a:b 的执行结果是将 a 和 b 中较大的数赋给变量 max。

9．指针与地址运算符

指针是 C51 语言中的一个十分重要的概念，在 C51 的数据类型中专门有一种指针类型。指针为变量的访问提供了另一种方式，变量的指针就是该变量的地址，还可以定义一个专门指向某个变量的地址的指针变量。

为了表示指针变量和它所指向的变量地址之间的关系，C51 中提供了如下两个专门的运算符。

*：指针运算符。

&：取地址运算符。

指针运算符"*"放在指针变量前面，通过它实现访问以指针变量的内容为地址所指向的存储单元。例如，指针变量 p 中的地址为 2000H，则*p 所访问的是地址为 2000H 的存储单元，x=*p 实现把地址为 2000H 的存储单元的内容赋给变量 x。取地址运算符"&"放在变量的前面，通过它取得变量的地址，变量的地址通常赋给指针变量。

例如，设变量 x 的内容为 12H，地址为 2000H，则&x 的值为 2000H，如有一指针变量 p，则通常用 p=&x 实现将 x 变量的地址赋给指针变量 p，指针变量 p 指向变量 x，以后可以通过*p 访问变量 x。

10．表达式语句及复合语句

在表达式的后边加一个分号";"就构成了表达式语句，如 a=++b*9;、x=8;、y=7;、++k;。可以一行放一个表达式形成表达式语句，也可以一行放多个表达式形成表达式语句，这时每个表达式后面都必须带";"。另外，还可以仅由一个分号";"占一行形成一个表达式语句，这种语句称为空语句。

空语句在程序设计中通常用于两种情况。

一种是在程序中为有关语句提供标号，用以标记程序执行的位置。例如采用下面的语句可以构成一个循环。

```
Repeat:
    ……;
goto repeat;
```

另一种是在用 while 语句构成的循环语句后面加一个分号，形成一个不执行其他操作的空循环体。这种结构通常用于对某位进行判断，不满足条件则等待，满足条件则执行。

例 4-11   下面这段子程序用于读取单片机的串行口的数据，没有接收到数据则等待，接收到数据则返回，返回值为接收的数据。

```
#include<reg51.h>
char getchar()
{
    char c;
    while(!RI);     /*当接收中断标志位 RI 为 0 则等待，当接收中断标志位为 1 则结束等待*/
    c=SBUF;
    RI=0;
    return(c);
}
```

复合语句是指由若干条语句组合而成的一种语句。在 C51 中，用花括号"{}"将若干条语句括在一起就形成了一个复合语句，复合语句最后不需要以分号";"结束，但它内部的各条语句仍需以分号";"结束。复合语句的一般形式如下。

```
{
    局部变量定义;
    语句 1;
    语句 2;
}
```

复合语句在执行时，其中的各条单语句按顺序依次执行，整个复合语句在语法上等价于一条语句，因此在 C51 中可以将复合语句视为一条语句。通常复合语句出现在函数中，实际上，函数的执行部分（即函数体）就是一个复合语句；复合语句中的单语句一般是可执行语句，此外还可以是变量的定义语句（说明变量的数据类型）。在复合语句内部，语句所定义的变量称为该复合语句中的局部变量，它仅在当前这个复合语句中有效。利用复合语句将多条单语句组合在一起，以及在复合语句中进行局部变量定义是 C51 语言的重要特征。

4.1.5 C51 的输入输出

C51 语言本身不提供输入和输出语句，输入和输出操作是由函数来实现的。在 C51 的标准函数库中提供了一个名为"stdio.h"的一般 I/O 函数库，其中定义了输入和输出函数。当要使用输入和输出函数时，需先用预处理命令"#include"将该函数库包含到程序中。在 C51

的一般 I/O 函数库中定义的输入和输出函数都是通过串行接口实现的，在使用输入和输出函数之前，应先对 MCS-51 系列单片机的串行接口进行初始化。选择串口工作于方式 2（8 位自动重载方式），波特率由定时/计数器 T1 溢出率决定。

例如，设系统时钟为 12MHz、波特率为 2400，则初始化程序如下。

```
SCON=0x52; TMOD=0x20;TH1=0xf3;TR1=1;
```

1. 输出函数 printf()

printf()函数的作用是通过串行接口输出若干任意类型的数据，它的格式如下。

```
printf(格式控制,输出参数表)
```

格式控制是用双引号引起来的字符串，也称转换控制字符串，它包括 3 种信息：格式说明符、普通字符和转义字符。格式说明符由"%"和格式字符组成，它的作用是指明数据的输出格式，如%d、%f 等，输出格式字符如表 4.3 所示；普通字符按原样输出，用来输出某些提示信息；转义字符用来输出特定格式或实现一些特殊的功能，如输出转义字符\n 就是使输出换一行。输出参数表可以是需要输出的一组数据，也可以是表达式。

表 4.3　输出格式字符

格式字符	数据类型	输出格式
d	i	带符号十进制数
u	int	无符号十进制数
o	int	无符号八进制数
x	int	无符号十六进制数，用"a～f"表示
X	int	无符号十六进制数，用"A～F"表示
f	float	带符号十进制浮点数，形式为[-]dddd.dddd
e，E	float	带符号十进制浮点数，形式为[-]d.ddddE+dd
g，G	float	自动选择 e 或 f 格式中更紧凑的一种输出格式
c	char	单个字符
s	指针	指向一个带结束符的字符串
p	指针	带存储器批示符和偏移量的指针，形式为 M:aaaa，其中，M 可分别为 C(code)、D(data)、I(idata)、P(pdata)

2. 格式输入函数 scanf()

scanf()函数的作用是通过串行接口实现数据输入，它的使用方法与 printf()类似。scanf()的格式如下。

```
scanf(格式控制,地址列表)
```

格式控制与 printf()函数的情况类似，也是用双引号引起来的一些字符，可包括以下 3 种信息：空白字符、普通字符和格式说明符。空白字符包含空格、制表符、换行符等，这些字符在输出时被忽略。普通字符包括除了以百分号"%"开头的格式说明符以外的所有非空白字符，在输入时要求原样输入。格式说明符由百分号"%"和格式字符组成，用于指明输入数据的格式，输入格式字符如表 4.4 所示。

表 4.4 输入格式字符

格式字符	数据类型	输入格式
d	int 指针	带符号十进制数
u	int 指针	无符号十进制数
o	int 指针	无符号八进制数
x	int 指针	无符号十六进制数
f,e,E	float 指针	浮点数
c	char 指针	字符
s	string 指针	字符串

地址列表是由若干个地址组成的，它可以是指针变量、取地址运算符"&"加变量（变量的地址）或字符串名（表示字符串的首地址）。

【任务实施】

注释下列 C 程序代码，包括对数据类型、变量、语法、关键字、格式控制的说明。

源程序如下。

```
#include<reg51.h>        //
#include<stdio.h>        //
void main(void)          //
{
    int x,y;             //
    SCON=0x52;           //
    TMOD=0x20;           //
    TH1=0XF3;            //
    TR1=1;               //
    printf("input x,y:\n");     //
    scanf("%d%d",&x,&y);        //
    printf("\n");               //
    printf("%d+%d=%d",x,y,x+y); //
    printf("\n");               //
    while(1);                   //
}
```

【任务总结与评价】

1. 任务总结

本任务主要学习 C 语言与单片机相关的程序代码组成要素，要求能分析注释程序代码段，理解代码语义，熟练掌握常见的单片机程序结构及程序代码段。对于单片机初学者，熟练运用单片机和 C 语言相关的程序代码是必不可少的技能。

2. 任务评价

本任务的考核评价体系如表 4.5 所示。

表 4.5　任务 4.1 考核评价体系

班　　级		项目任务			
姓　　名		教　　师			
学　　期		评分日期			
评分内容（满分 100 分）		学生自评	同学互评	教师评价
专业技能 （70 分）	理论知识（60 分）			
	任务汇报（10 分）			
综合素养 （30 分）	遵守现场操作的职业规范（10 分）			
	信息获取的能力（10 分）			
	团队合作精神（10 分）			
各项得分				
综合得分 （学生自评 30%，同学互评 30%、教师评价 40%）				

任务 4.2　C 程序流控制及模块化

【任务描述】

本任务要求根据给定 C 程序代码段，按照程序流程，分析程序运行、循环、跳转等过程。重点分析顺序流程、选择流程、循环流程等典型结构，从而理解完整程序的通用组成结构、常见程序代码段的功能，以及模块化的编程思想。

【知识链接】

在单片机应用系统开发中，采用模块化的程序设计可提高编程效率和程序的可读性。在大型或复杂的单片机应用系统中，模块化的 C 程序结构特征非常明显。

4.2.1　C 程序结构

C 程序采用函数结构，每个 C 程序由一个或多个函数组成，在这些函数中至少应包含一个 main()函数（主函数），也可以包含一个 main()函数和若干个其他的功能函数。不管 main()函数放于何处，程序总是从 main()函数开始执行，main()函数结束则程序执行结束。在 main()函数中可调用其他函数，其他函数也可以相互调用，但 main()函数不能被其他的函数调用。功能函数可以是 C 语言编译器提供的库函数，也可以是由用户定义的函数。在编制 C 程序时，程序的开始部分一般是预处理命令、函数声明和变量定义等。

4.2.1

C 程序结构一般如下。

```
预处理命令  #include<>
函数声明    long fun1();float fun2();
变量含义    int x,y; float z;
```

```
功能函数 1 fun1()
{
    函数体                          功能函数
    ...
}
主函数 main()
{
    主函数体                        主函数
    ...
}
功能函数 2 fun2()
{
    函数体                          功能函数
    ...
}
```

其中，函数往往由函数定义和函数体两个部分组成。

函数定义部分包括函数类型、函数名、形式参数说明等，函数名后面必须跟一个圆括号"()"，形式参数在"()"内定义。

函数体由一对花括号"{}"组成，其中的内容就是函数体。如果一个函数内有多个花括号，则最外层的一对"{}"为函数体的内容。函数体内包含若干语句，一般由两部分组成：声明语句和执行语句。声明语句用于对函数中用到的变量进行定义，也可能对函数体中调用的函数进行声明。执行语句由若干语句组成，用来实现一定的功能。当然也有的函数体仅有一对"{}"，其中既没有声明语句也没有执行语句，这种函数称为空函数。C 语言程序在书写时格式十分自由，一条语句可以写成一行，也可以写成几行；还可以一行内写多条语句；但每条语句后面必须以分号";"作为结束符。C 程序对大小写敏感，在程序中，同一个字母的大小写要区分开，系统对大小写做不同的处理。

在程序中可以用"/*……*/"或"//"对任何部分注释，以增加程序的可读性。

C 语言本身没有输入输出语句，输入和输出是通过前述输入函数 scanf()和输出函数 printf()来实现的。输入输出函数通过标准库函数形式提供给用户。

4.2.2　C51 程序基本结构

C51 程序有顺序、选择、循环等基本结构。

1. 顺序结构

顺序结构是最基本、最简单的结构，在这种结构中，程序由低地址到高地址依次执行。顺序结构流程图如图 4.2 所示。程序先执行 A 操作，然后执行 B 操作。

4.2.2

2. 选择结构

选择结构可使程序根据不同的情况选择执行不同的分支。在选择结构中，程序先对一个条件进行判断。当条件成立，即条件语句为"真"时，执行一个分支；当条件不成立时，即条件语句为"假"时，执行另一个分支。选择结构流程图如图 4.3 所示。当条件 P 成立时，执行语句 A；当条件 P 不成立时，执行语句 B。

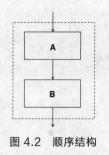

图 4.2　顺序结构　　　　　　　　　图 4.3　选择结构

在 C51 中，实现选择结构的语句为 if/else 或 if/else if。另外在 C51 中还支持多分支结构，多分支结构既可以通过 if 和 else if 语句嵌套实现，还可用 switch/case 语句实现。

（1）if 语句

if 语句是 C51 中的一个基本条件选择语句，它通常有 3 种格式。

格式一：

```
if (表达式) {语句;}
```

格式二：

```
if (表达式) {语句1;} else {语句2;}
```

格式三：

```
if (表达式1) {语句1;}
    else if (表达式2) {语句2;}
        else if (表达式3) {语句3;}
            ......
                else if (表达式n-1) {语句n-1;}
                    else {语句n}
```

例 4-12　if 语句的用法。

```
if (x!=y) printf("x=%d,y=%d\n",x,y);
```

如果 x 不等于 y，则输出 x 的值和 y 的值。

```
if (x>y) max=x; else max=y;
```

如 x 大于 y 成立，则把 x 赋给最大值变量 max；如 x 大于 y 不成立，则把 y 赋给最大值变量 max。

```
if(score>=90) printf("Your result is an A\n");
else if(score>=80) printf("Your result is an B\n");
else if(score>=70) printf("Your result is an C\n");
else if(score>=60) printf("Your result is an D\n");
else printf("Your result is an E\n");
```

上面的语句用于根据分数 score 输出 A、B、C、D、E 等级。

（2）switch/case 语句

if 语句通过嵌套可以实现多分支结构，但实现起来会很复杂。switch/case 是专门处理多分支结构的多分支选择语句。它的格式如下。

```
switch(表达式)
{
    case 常量表达式1:{语句1;}break;
    case 常量表达式2:{语句2;}break;
```

```
    ......
    case 常量表达式 n:{语句 n;}break;
    default:{语句 n+1;}
}
```

说明如下：switch 后面圆括号内的表达式，可以是整型或字符型表达式；当该表达式的值与某一 case 后面的常量表达式的值相等时，就执行该 case 后面的语句，然后遇到 break 语句退出 switch 结构，若表达式的值与所有 case 后的常量表达式的值都不相等，则执行 default 后面的语句，然后退出 switch 结构；每一个 case 后的常量表达式的值必须不同，否则会出现自相矛盾的现象；case 语句和 default 语句的出现次序对执行过程没有影响；每个 case 语句后面可以有 break，也可以没有，有 break 语句则执行到 break 退出 switch 结构，没有则顺序执行后面的语句，直到遇到 break 或执行结束；每一个 case 后面可以带一个语句，也可以带多个语句，还可以不带，语句可以用花括号括起，也可以不括；多个 case 可以共用一组执行语句。

例 4-13　switch/case 语句的用法。

对学生成绩划分等级为 A～E，对应不同的百分制分数区间，要求根据不同的等级输出对应百分制分数区间。可以通过下面的 switch/case 语句实现。

```
switch(grade)
{
    case 'A':printf("90~100\n");break;
    case 'B':printf("80~90\n");break;
    case 'C':printf("70~80\n");break;
    case 'D':printf("60~70\n");break;
    case 'E':printf("<60\n");break;
    default:printf("error"\n)
}
```

3．循环结构

在程序处理过程中，有时需要某一段程序重复执行多次，这时就要用循环结构来实现，循环结构就是能够使程序段重复执行的结构。循环结构又分为两种：当（while）型循环结构和直到（do…while）型循环结构。

当型循环结构流程图如图 4.4 所示。当条件 P 成立（为"真"）时，重复执行语句 A，直到条件 P 不成立（为"假"）时才停止重复，执行后面的程序。

直到型循环结构流程图如图 4.5 所示。先执行语句 A，再判断条件 P，当条件 P 成立（为"真"）时，重复执行语句 A，直到条件 P 不成立（为"假"）时才停止重复，执行后面的程序。

图 4.4　当型循环结构

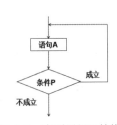

图 4.5　直到型循环结构

构成循环结构的语句主要有 while、do…while、for 等。

（1）while 语句

while 语句在 C51 中用于实现当型循环结构，它的格式如下。

```
while(表达式){语句;}
```

while 后面的表达式是能否循环的条件，{语句;}是循环体。当表达式为非 0（真）时，就重复执行循环体内的语句；当表达式为 0（假），则中止 while 循环，程序将执行循环结构之外的下一条语句。它的特点是先判断条件，再决定是否执行循环体。在循环体中对条件进行改变，然后判断条件，如条件成立则再执行循环体，如条件不成立则退出循环。如条件第一次就不成立，则循环体一次也不执行。

例 4-14 下列程序通过 while 语句实现计算并输出 1～100 的累加和。

```
#include<reg51.h>      //包含特殊功能寄存器库
#include<stdio.h>      //包含 I/O 函数库
void main(void)        //主函数
{
    int i,s=0;         //定义整型变量 i 和 s
    i=1;
    SCON=0x52;         //串口初始化
    TMOD=0x20;
    TH1=0xF3;
    TR1=1;
    while(i<=100)      //累加 1～100 到 s 中
    {
        s=s+i;
        i++;
    }
    printf("1+2+3+…+100=%d\n", s);
    while(1);
}
```

程序执行的结果：1+2+3+…+100=5050。

（2）do…while 语句

do…while 语句在 C51 中用于实现直到型循环结构，它的格式如下。

```
do {语句;}
while(表达式);
```

它的特点是：先执行循环体{语句;}中的语句，后判断表达式；如表达式成立（真），则再执行循环体；然后又判断，直到表达式不成立（假）时退出循环，执行 do…while 结构的下一条语句。do…while 语句在执行时，循环体内的语句至少会被执行一次。

例 4-15 通过 do…while 语句实现计算并输出 1～100 的累加和。

```
#include<reg51.h>      //包含特殊功能寄存器库
#include<stdio.h>      //包含 I/O 函数库
void main(void)        //主函数
{
    int i,s=0;         //定义整型变量 i 和 s
    i=1;
```

```
        SCON=0x52;              //串口初始化
        TMOD=0x20;
        TH1=0xF3;
        TR1=1;
        do                      //累加 1~100 到 s 中
        {
            s=s+i;
            i++;
        }
        while (i<=100);
        printf("1+2+3+…+100=%d\n", s);
        while(1);
    }
```

程序执行的结果：1+2+3+…+100=5050。

（3）for 语句

在 C51 语言中，for 语句是较灵活、用得较多的循环控制语句，同时较为复杂。它可以用于循环次数已经确定的情况，也可以用于循环次数不确定的情况。它完全可以代替 while 语句，功能很强大。它的格式如下。

```
for(表达式 1;表达式 2;表达式 3)
{语句;}         /*循环体*/
```

for 语句后面带 3 个表达式，它的执行过程如下：第一步，先求解表达式 1 的值；第二步，求解表达式 2 的值，如表达式 2 的值为真，则执行循环体中的语句，然后执行表达式 3（如表达式 2 的值为假，不再执行循环体中的语句，也不再执行表达式 3，结束 for 循环）；第三步，若表达式 2 的值持续为真，则再次执行完循环体中的语句后，再求解表达式 3；重复第二步和第三步，直至表达式 2 的值为假退出 for 循环，执行后续语句。

在 for 循环中，一般表达式 1 为初值表达式，用于给循环变量赋初值；表达式 2 为条件表达式，对循环变量进行判断；表达式 3 为循环变量更新表达式，用于对循环变量的值进行更新，直至循环变量不能满足条件而退出循环。

例 4-16 用 for 语句实现计算并输出 1~100 的累加和。

```
#include<reg51.h>              //包含特殊功能寄存器库
#include<stdio.h>              //包含 I/O 函数库
void main(void)                //主函数
{
    int i,s=0;                 //定义整型变量 i 和 s
    SCON=0x52;                 //串口初始化
    TMOD=0x20;
    TH1=0xF3;
    TR1=1;
    for(i=1;i<=100;i++)s=s+i;  //累加 1~100 到 s 中
    printf("1+2+3+…+100=%d\n",s);
    while(1);
}
```

程序执行的结果：1+2+3+…+100=5050。

（4）循环的嵌套

在一个循环结构的循环体中允许又包含一个完整的循环结构，这种结构称为循环的嵌套。外面的循环称为外循环，里面的循环称为内循环。如果在内循环的循环体内又包含循环结构，就构成多重循环。在 C51 中，允许 3 种循环结构相互嵌套。

例 4-17 用循环的嵌套构造一个延时程序。

```
void delay(unsigned int x)
{
    unsigned char j;
    while(x--)
    {
        for (j=0;j<125;j++);
    }
}
```

上述代码用内循环构造了一个延时程序，调用时通过参数设置外循环的次数，这样就可以形成各种延时关系。

4. break、continue 和 return 语句

break 和 continue 语句通常用于循环结构，用来跳出循环结构。但是二者又有所不同。

（1）break 语句

前文已经介绍过 break 语句可用于跳出 switch 结构，使程序继续执行 switch 结构后面的语句。使用 break 语句还可以从循环体中跳出循环，提前结束循环而接着执行循环结构下面的语句。它不能用在除了循环语句和 switch 语句之外的任何其他语句中。

例 4-18 下面的程序用于计算圆的面积，当计算到面积大于 100 时，通过 break 语句跳出循环。

```
for(r=1;r<=10;r++)
{
    area=pi*r*r;
    if(area>100) break;
    printf("%f\n", area);
}
```

（2）continue 语句

continue 语句用在循环结构中，用于结束本次循环，跳过循环体中 continue 下面尚未执行的语句，直接进行下一次是否执行循环的判定。

continue 语句和 break 语句的区别在于：continue 语句只是结束本次循环而不是终止循环；break 语句则是终止循环，不再进行条件判断。

例 4-19 输出 100～200 不能被 3 整除的数。

```
for(i=100;i<=200;i++)
{
    if(i%3==0) continue;
    printf("%d ";i);
}
```

上述程序中，当 i 能被 3 整除时，执行 continue 语句，结束本次循环，跳过 printf()函数，

只有不能被 3 整除时才执行 printf() 函数。

（3）return 语句

return 语句一般放在函数的最后位置，用于终止函数的执行，并控制程序返回调用该函数时所处的位置。返回时还可以通过 return 语句带回返回值。return 语句格式有以下两种。

格式一：

```
return;
```

格式二：

```
return （表达式）;
```

如果 return 语句后面带有表达式，则要计算表达式的值，并将表达式的值作为函数的返回值。若不带表达式，则函数返回时将返回一个不确定的值。通常我们用 return 语句把调用函数取得的值返回给主调用函数。

4.2.3　C51 程序的函数

1. 函数的定义

函数定义的一般格式如下。

```
函数类型 函数名（形式参数表）        //函数首部
{ 局部变量定义 函数体 }              //函数尾部
```

4.2.3

格式说明：函数类型说明了函数返回值的类型；函数名是用户为自定义函数取的名字，以便调用函数时使用；形式参数表用于列举在主调函数与被调用函数之间进行数据传递的形式参数。

例 4-20　定义一个返回两个整数的较大值的函数 max()。

```
int max(int x,int y)
{
    int z;
    z=x>y?x: y;
    return（z）;
}
```

2. 函数的调用

函数调用的一般形式如下。

```
函数名（实参列表）;
```

对于有参数的函数调用，若实参列表包含多个实参，则各个实参之间用半角逗号隔开。按照函数调用在主调函数中出现的位置，函数调用方式有以下 3 种。

（1）函数语句。把被调用函数作为主调用函数的一个语句。

（2）函数表达式。函数被放在表达式中，以运算对象的形式出现。这时的被调用函数要求带有返回语句，以返回一个明确的数值参与表达式的运算。

（3）函数参数。被调用函数作为另一个函数的参数。

3. 自定义函数的声明

在 C51 中，函数原型一般形式如下。

```
[extern] 函数类型 函数名(形式参数表);
```

函数的声明是把函数的名字、函数类型，以及形参的类型、个数和顺序通知编译系统，以便调用函数时系统进行对照检查。函数的声明后面要加半角分号。如果声明的函数在文件内部，则声明时不用 extern；如果声明的函数不在文件内部，而在另一个文件中，声明时需带 extern，指明使用的函数在另一个文件中。

例 4-21　函数的使用。

```
#include<reg51.h>           //包含特殊功能寄存器库
#include<stdio.h>           //包含 I/O 函数库
int max(int x,int y);       //对 max()函数进行声明
void main(void)             //主函数
{
    int a,b;
    SCON=0x52;              //串口初始化
    TMOD=0x20; TH1=0xF3; TR1=1;
    scanf("please input a,b:%d,%d",&a,&b);
    printf("\n");
    printf("max is:%d\n",max(a,b));
    while(1);
}
int max(int x,int y)        //函数定义
{
    int z;
    z=(x>=y?x:y);
    return(z);
}
```

4．函数的嵌套与递归

函数的嵌套是在一个函数的调用过程中调用另一个函数。C51 编译器通常依靠堆栈来进行参数传递，堆栈设在片内 RAM 中，而片内 RAM 的空间有限，因而嵌套的深度比较有限。如果嵌套过多，会导致堆栈空间不够而出错。

例 4-22　函数的嵌套调用。

```
#include<reg51.h>           //包含特殊功能寄存器库
#include<stdio.h>           //包含 I/O 函数库
int max(int a,int b)        //定义 max()函数
{
    int z;
    z=a>=b?a:b;
    return(z);
}
int add(int c,int d,int e,int f)  //定义 add()函数
{
    int result;
    result=max(c,d)+max(e,f);     //调用 max()函数
    max return(result);
}
void main(void)
{
```

```
    int final;
    final=add(7,5,2,8);                    //调用 add()函数
    printf("%d",final);
    while(1);
}
```

如果在调用一个函数的过程中又出现了直接或间接调用该函数本身，则称为函数的递归调用。在函数的递归调用中要避免出现无终止的自身调用，应通过条件控制结束递归调用，使得递归的次数有限。

例 4-23　利用递归调用求 $n!$。

```c
#include<reg51.h>
#include <stdio.h>
long factorial(int n)
{
    if (n == 0 || n == 1)
    {
        return 1;
    }
     else
    {
        return n * factorial(n - 1);
    }
}
int main()
{
    int n;
    printf("请输入一个整数: ");
    scanf("%d", &n);
    long result = factorial(n);
    printf("%d 的阶乘为: %ld\n", n, result);
    return 0;
}
```

5. C51 的中断函数

在 C51 程序设计中，中断函数定义一般形式如下。

```
函数类型 函数名称(参数)interrupt m
{
    函数体
}
```

如：

```c
void int_1(void) interrupt 0
{
    int a=0;
    a+=1;
    P2=a;
}
```

若在函数定义时用了 interrupt m 修饰符，系统在编译时会把对应函数转化为中断函数，自动加上程序头段和尾段，并按 MCS-51 系统中断的处理方式自动把它安排在 ROM 中的相

应位置。在该修饰符中，m 的取值为 0~31，对应的中断情况如下：

  0——外部中断 0；

  1——定时/计数器 T0；

  2——外部中断 1；

  3——定时/计数器 T1；

  4——串行口中断；

  5——定时/计数器 T2，其他值预留。

编写 MCS-51 中断函数的注意事项如下。

（1）中断函数不能进行参数传递，中断函数中包含任何参数声明都将导致编译出错。

（2）中断函数没有返回值，如果企图定义一个返回值将得不到正确的结果，一般定义中断函数时将其定义为 void 类型，以明确说明没有返回值。

（3）在任何情况下都不能直接调用中断函数，否则会产生编译错误。因为中断函数的返回是由 8051 单片机的 RETI 指令完成的，RETI 指令影响 8051 单片机的硬件中断系统。如果在没有实际中断情况下直接调用中断函数，RETI 指令的操作会产生严重的错误。

（4）如果在中断函数中调用了其他函数，则被调用函数所使用的寄存器必须与中断函数相同，否则会产生不正确的结果。

（5）C51 编译器对中断函数编译时会自动在程序开始和结束处加上相应的内容。

（6）中断函数最好写在程序的尾部，并且禁止使用 extern 存储类型说明，以防止其他程序调用。

例 4-24　编写一个用于统计外中断 0 的中断次数的中断服务程序。

```
extern int x;
void int0()
interrupt 0 using 1
{
    x++;
}
```

【任务实施】

分析下列程序代码，指出其顺序控制、选择控制、循环控制、主函数结构、中断函数等，并描述其功能。

```
#include <AT89X51.h>
#define uint unsigned int
#define uchar unsigned char
uint time_t;
uchar hour,min,sec;
uchar code led[10]={0xc0,0xf9,0xa4,0xb0,0x99,0x92,0x82,0xf8,0x80,0x90};
void delay_1ms(uint x)
{
    TMOD=0x01;   TR0=1;
    while(x--)
    {
```

```
        TH0=0xfc;TL0=0x18;
        while(!TF0);
        TF0=0;
        time_t++;
    }
    TR0=0;
}
void display_num(uchar num,dis_w)
{
    uchar j;
    for(j=0;j<2;j++)
    {
        P0=0xff;P2=dis_w;
        if(j>0)P0=led[num/10];
        else P0=led[num%10];
        dis_w=dis_w<<1;
        delay_1ms(5);
    }
}
void display_char()
{
    P0=0xff;P2=0x24;P0=0xBF;
    delay_1ms(5);
}
void time_take()
{
    if(time_t>=1000)
    {
        time_t=0;
        sec++;
        if(sec==60)
        {
            sec=0;
            min++;
            if(min==60)
            {
                min=0;
                hour++;
                if(hour==24)
                hour=0;
            }
        }
    }
}
void main()
{
    sec=59;
    min=59;
    hour=23;
    while(1)
    {
```

```
        display_num(sec,0x01);
        display_num(min,0x08);
        display_num(hour,0x40);
        display_char();time_take();
    }
}
```

【任务总结与评价】

1. 任务总结

在本任务中，通过学习 C 程序顺序控制、选择控制、循环控制、功能函数、中断函数等，应掌握分析常见程序代码段、用不同控制方式和功能函数实现算法的方法，为后续程序设计打下基础。

2. 任务评价

本任务的考核评价体系如表 4.6 所示。

表 4.6　任务 4.2 考核评价体系

班　　级			项目任务			
姓　　名			教　　师			
学　　期			评分日期			
评分内容（满分 100 分）			学生自评	同学互评	教师评价	
专业技能 （70 分）	理论知识（30 分）					
	程序分析（30 分）					
	任务汇报（10 分）					
综合素养 （30 分）	遵守现场操作的职业规范（10 分）					
	信息获取的能力（10 分）					
	团队合作精神（10 分）					
各项得分						
综合得分 （学生自评 30%，同学互评 30%、教师评价 40%）						

项目5
单片机的内部资源

【学习目标】

知识目标	1. 了解单片机定时/计数器的主要特性、结构及工作原理； 2. 理解单片机定时/计数器工作方式及控制寄存器； 3. 掌握单片机定时/计数器的简单应用； 4. 了解单片机中断的概念； 5. 理解单片机中断的结构及中断源、中断优先级、中断响应； 6. 掌握单片机中断控制的简单应用； 7. 了解通信有关概念，了解串行与并行、同步与异步等术语； 8. 理解 C51 单片机串行口功能及结构、工作方式； 9. 掌握单片机串行口通信的简单应用。
能力目标	1. 能对单片机的定时/计数器进行设置，通过编程方式实现相应功能的应用； 2. 能对单片机的中断寄存器进行设置，通过编程方式实现相应功能的应用； 3. 能对串行口的有关寄存器进行设置，通过编程方式实现相应功能的应用。
素质目标	1. 了解开拓创新为国家发展带来的成就，增强民族自豪感； 2. 具有良好的职业道德、职业责任感和不断学习的精神； 3. 以积极的态度对待训练任务，具有团队交流和协作能力； 4. 通过项目实施，强调规范接线，弘扬工匠精神，树立电子产品节能环保的意识。

【项目导读】

定时/计数器、中断系统、串行口等都是单片机的重要组成部分，熟练掌握它们才能充分发挥单片机系统的优势，实现更多产品的设计。本项目先从定时/计数器、中断系统的有关知识入手，介绍相关术语、组成结构、工作原理等，再以单片机系统的中断方式、定时方式实现单片机系统外设的控制，最后介绍串行通信的有关知识、串行口通信的原理、单片机串行口及单片机之间的串行通信，通过示例说明单片机中有关寄存器的设置、典型代码段，以及单片机双机通信系统的软硬件设计方法。本项目的知识导图如图 5.1 所示。

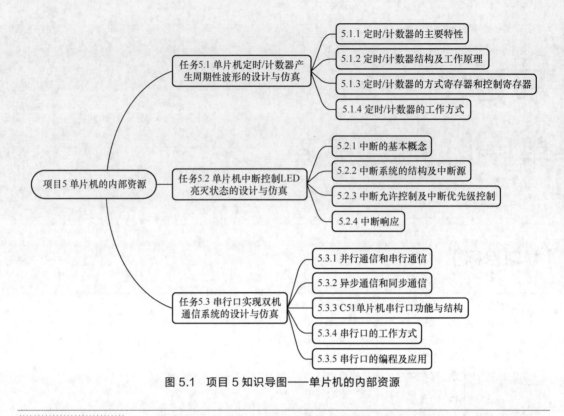

图 5.1　项目 5 知识导图——单片机的内部资源

任务 5.1　单片机定时/计数器产生周期性波形的设计与仿真

【任务描述】

正弦波、方波、三角波等是电子、电气、传感器等领域经常接触的周期信号，利用单片机装置产生有关波形比较容易实现，因此单片机在上述领域的应用也较为普遍。本任务要求利用 AT89C51 单片机的定时/计数器，在 Keil、Proteus 等开发平台进行系统搭建、编程、仿真，实现通过单片机系统产生周期性波形。

【知识链接】

定时/计数器是单片机内部的重要功能模块之一，检测、控制和智能仪器等设备经常用它来定时。另外，它还可以用于对外部事件进行计数。

5.1.1　定时/计数器的主要特性

MCS-51 系列中，51 子系列有两个 16 位的可编程定时/计数器，分别是定时/计数器 T0 和定时/计数器 T1；52 子系列有 3 个 16 位的可编程定时/计数器，分别是定时/计数器 T0、定时/计数器 T1 和定时/计数器 T2。每个定时/计数器通过编程设定，既可以通过对内部系统时钟计数以实现定时功能，又可以通过对外部信号计数以实现计数功能。每个定时/计数器都有多种工作方式，其中 T0 有 4 种工作方式，T1 有 3 种工作方式，T2 也有 3 种工作方式。每个定时/计数

5.1.1

器的工作方式可以通过相应寄存器的设置编程实现。每个定时/计数器设定的参数满时，系统将产生溢出，使相应的溢出位置位。对溢出可通过查询或中断方式进行处理。

5.1.2 定时/计数器结构及工作原理

定时/计数器 T0、T1 的结构如图 5.2 所示，由加法计数器、方式寄存器 TMOD、控制寄存器 TCON 等组成。

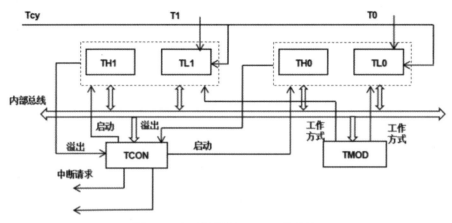

图 5.2 定时/计数器 T0、T1 的结构

定时/计数器的核心是 16 位加法计数器，在图中用特殊功能寄存器 TH0、TL0 及 TH1、TL1 表示。TH0、TL0 分别是定时/计数器 T0 加法计数器的高 8 位和低 8 位，TH1、TL1 分别是定时/计数器 T1 加法计数器的高 8 位和低 8 位。方式寄存器 TMOD 用于设定定时/计数器 T0 和 T1 的工作方式，控制寄存器 TCON 用于对定时/计数器的启动、停止进行控制。

当定时/计数器用于定时功能时，加法计数器对内部机器周期 Tcy 进行计数。由于机器周期时间是定值，因此对 Tcy 的计数就是定值，如 Tcy=1μs，计数 100 个，即定时 100μs。当定时/计数器用于计数时，加法计数器对单片机芯片引脚 T0（P3.4）或 T1（P3.5）上的输入脉冲进行计数。每来一个输入脉冲，加法计数器加 1。当寄存器的二进制值，从全 1 开始，逐次加 1 变成全 0 时，产生溢出，使溢出位 TF0 或 TF1 置位。如中断允许，则向 CPU 提出定时/计数中断；如中断不允许，则只有通过查询方式使用溢出位。

在使用加法计数器时需注意两个方面。

一是，由于它是加法计数器，每来一个计数脉冲，加法器中的内容加 1 个单位，当从全 1 加 1 变到全 0 时，计满溢出。因而，如果要计 N 个单位，则首先应向计数器置初值为 X，且有：

$$初值 X = 最大计数值（满值）M - 计数值 N$$

在不同的计数方式下，最大计数值（满值）不一样。一般来说，当定时/计数器工作于 R 位计数方式时，它的最大计数值（满值）为 2 的 R 次幂（即 2^R）。

二是，当定时/计数器工作于计数方式时，对芯片引脚 T0（P3.4）或 T1（P3.5）上的输入脉冲计数，计数过程如下：在每一个机器周期的 S5P2 时刻对 T0（P3.4）或 T1（P3.5）上的信号采样一次，如果上一个机器周期采样到高电平，下一个机器周期采样到低电平，则计数器在下一个机器周期的 S3P2 时刻加 1 计数一次。因而需要两个机器周期才能识别一个计数脉冲，所以外部计数脉冲的频率应小于振荡频率的 1/24。

5.1.3　定时/计数器的方式寄存器和控制寄存器

1. 定时/计数器的方式寄存器 TMOD

方式寄存器 TMOD 用于设定定时/计数器 T0 和 T1 的工作方式，它的字节地址为 89H，其格式如表 5.1 所示。

5.1.3

表 5.1　定时/计数器的方式寄存器 TMOD

TMOD	D7	D6	D5	D4	D3	D2	D1	D0
(89H)	GATE	C/T	M1	M0	GATE	C/T	M1	M0
其中：	←　　　定时/计数器 T1　　　→				←　　　定时/计数器 T0　　　→			

其中各位的说明如下。

M1、M0：工作方式选择位，用于对 T0 的 4 种工作方式、T1 的 3 种工作方式进行选择，具体工作方式选择如表 5.2 所示。

表 5.2　定时/计数器工作方式选择

M1	M0	工作方式	方式说明
0	0	0	13 位定时/计数器
0	1	1	16 位定时/计数器
1	0	2	8 位自动重置定时/计数器
1	1	3	两个 8 位定时/计数器（只有 T0 有）

C/T：定时或计数方式选择位。当 C/T=1 时工作于计数方式，当 C/T=0 时工作于定时方式。

GATE：门控位，用于控制定时/计数器的启动是否受外部中断请求信号的影响。如果 GATE=0，定时/计数器的启动与外部中断请求信号引脚 INT0（P3.2）和 INT1（P3.3）无关。如果 GATE=1，定时/计数器 T0 的启动还受芯片外部中断请求信号引脚 INT0（P3.2）的控制，定时/计数器 T1 的启动还受芯片外部中断请求信号引脚 INT1（P3.3）的控制，只有当外部中断请求信号引脚 INT0（P3.2）或 INT1（P3.3）为高电平时才开始启动计数；利用 GATE 的这个特点可以测量加在 INT0（P3.2）或 INT1（P3.3）引脚上正脉冲的宽度。一般情况下 GATE=0。

2. 定时/计数器的控制寄存器 TCON

控制寄存器 TCON 的高 4 位用于定时/计数器的启动与溢出控制，低 4 位用于外部中断控制，它的字节地址为 88H，可以进行位寻址，其格式如表 5.3 所示。

表 5.3　定时/计数器的控制寄存器 TCON

TCON	D7	D6	D5	D4	D3	D2	D1	D0
（88H）	TF1	TR1	TF0	TR0	IE1	IT1	IE0	IT0

其中高 4 位的各位含义说明如下。低 4 位的各位介绍详见 5.5.2 节。

TF1：定时/计数器 T1 的溢出标志位。当定时/计数器 T1 计满时，由硬件使它置位，如中断允许则触发 T1 中断。进入中断处理后由内部硬件电路自动清除。

TR1：定时/计数器 T1 的启动位，可由软件置位或清零。当 TR1=1 时启动，TR1=0 时停止。

TF0：定时/计数器 T0 的溢出标志位。当定时/计数器 T0 计满时，由硬件使它置位，如中断允许则触发 T0 中断。进入中断处理后由内部硬件电路自动清除。

TR0：定时/计数器 T0 的启动位，可由软件置位或清零。当 TR0=1 时启动，TR0=0 时停止。

5.1.4　定时/计数器的工作方式

1. 方式 0

当 M1、M0 两位为 00 时，定时/计数器工作于方式 0，方式 0 的结构如图 5.3 所示。

5.1.4

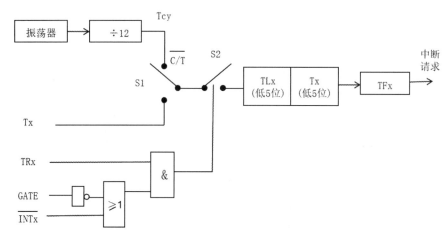

图 5.3　T0、T1 方式 0 的结构

在这种方式下，16 位的加法计数器只用了 13 位，分别是 TL0（或 TL1）的低 5 位和 TH0（或 TH1）的 8 位，TL0（或 TL1）的高 3 位未用。计数时，当 TL0（或 TL1）的低 5 位计满时向 TH0（或 TH1）进位，当 TH0（或 TH1）也计满时则溢出，使 TF0（或 TF1）置位。如果中断允许，则提出中断请求。另外也可通过查询 TF0（或 TF1）来判断是否溢出。由于采用 13 位的定时/计数方式，因此最大计数值（满值）为 2^{13}，即 8192。如计数值为 N，则置入的初值 $X=8192-N$。

在实际中使用时，先根据计数值计算出初值，然后按位置置入初值寄存器中。如定时/计数器 T0 的计数值为 1000，则初值为 7192，转换成二进制数为 1110000011000B，则 TH0=11100000B，TL0=00011000B。

在方式 0 计数的过程中，当计数器计满溢出时，计数器的计数过程并不会结束，计数脉冲来时同样会进行加 1 计数。只是这时计数器是从 0 开始计数的，是满值的计数。如果要重

新实现 N 个单位的计数，则这时应重新置入初值。

2. 方式1

当 M1、M0 两位为 01 时，定时/计数器工作于方式 1，方式 1 的结构与方式 0 的结构相同，只是把 13 位变成 16 位。

在方式 1 下，16 位的加法计数器被全部用上，TL0（或 TL1）作低 8 位，TH0（或 TH1）作高 8 位。计数时，当 TL0（或 TL1）计满时向 TH0（或 TH1）进位，当 TH0（或 TH1）也计满时则溢出，使 TF0（或 TF1）置位。同样可通过中断或查询方式来处理溢出信号 TF0（或TF1）。由于是 16 位的定时/计数方式，因此最大计数值（满值）为 2^{16}，等于 65536。如计数值为 N，则置入的初值 $X=65536-N$。

如定时/计数器 T0 的计数值为 1000，则初值为 65536−1000=64536。转换成二进制数为 1111110000011000B，则 TH0=11111100B，TL0=00011000B。

对于方式 1 计满后的情况与方式 0 相同。当计数器计满溢出时，计数器的计数过程也不会结束，而是以满值开始计数。如果要重新实现 N 个单位的计数，则也应重新置入初值。

3. 方式2

当 M1、M0 两位为 10 时，定时/计数器工作于方式 2，方式 2 的结构如图 5.4 所示。

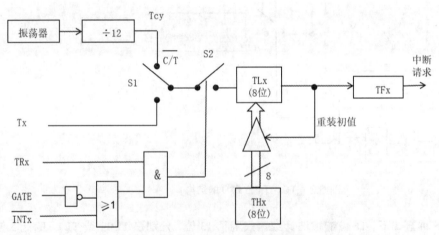

图 5.4　T0、T1 方式 2 的结构

在方式 2 下，16 位的计数器只用了 8 位（TL0 或 TL1 的 8 位）来计数，而 TH0（或 TH1）用于保存初值。计数时，当 TL0（或 TL1）计满时则溢出，一方面使 TF0（或 TF1）置位，另一方面溢出信号又会触发图 5.4 中的三态门，使三态门导通，TH0（或 TH1）的值就自动装入 TL0（或 TL1）。同样可通过中断或查询方式来处理溢出信号 TF0（或 TF1）。由于是 8 位的定时/计数方式，因此最大计数值（满值）为 2^8，等于 256。如计数值为 N，则置入的初值 $X=256-N$。

如定时/计数器 T0 的计数值为 100，则初值为 256−100=156，转换成二进制数为 10011100B，则 TH0=TL0−10011100B。

由于方式 2 计满后，溢出信号会触发三态门自动地把 TH0（或 TH1）的值装入 TL0（或

TL1）中，因此如果要重新实现 N 个单位的计数，不用重新置入初值。

4．方式 3

方式 3 只有定时/计数器 T0 才有。当 M1、M0 两位为 11 时，定时/计数器 T0 工作于方式 3，方式 3 的结构如图 5.5 所示。

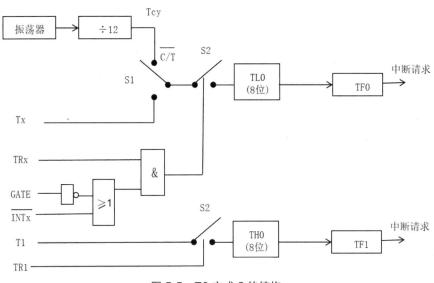

图 5.5　T0 方式 3 的结构

在方式 3 下，定时/计数器 T0 被分为两个部分——TL0 和 TH0，其中，TL0 可作为定时/计数器使用，占用 T0 的全部控制位：GATE、C/T、TR0 和 TF0。而 TH0 固定只能作定时器使用，对机器周期进行计数，这时它占用定时/计数器 T1 的 TR1 位、TF1 位和 T1 的中断资源。因此，这时定时/计数器 T1 不能使用启动控制位和溢出标志位，通常将定时/计数器 T1 作为串行口的波特率发生器。只要赋初值，设置好工作方式，它便自动启动，溢出信号直接送串行口。如要停止工作，只需送入一个把定时/计数器 T1 设置为方式 3 的方式控制字即可。由于定时/计数器 T1 没有方式 3，如果强行把它设置为方式 3，就相当于使其停止工作。在方式 3 下，计数器最大计数值、初值的计算与方式 2 完全相同。

定时/计数器使用时需选择具体的工作方式，一般根据计数值选择工作方式，具体情况如下：如果计数值为 1 ~ 256，选择方式 0、1、2 都可以；如果计数值大于 256、小于 8192，选择方式 0、1 都可以；如果计数值大于 8192、小于 65536，只有选择方式 1；如果比 65536 还要大，一个定时/计数器就不能直接处理，需要通过其他方法实现。对于定时/计数器 T0 的方式 3，一般只有在定时/计数器 T1 用于串口的波特率发生器，而系统又必须两个定时/计数器的时候才用到。

【任务实施】

一、总体方案设计

要实现单片机系统输出周期性信号的功能，主要涉及单片机最小系统、示波器组成的硬件和必要的软件部分的设计，其方框图如图 5.6 所示。

任务 5.1　任务实施

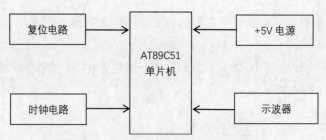

图 5.6　单片机产生周期性信号的方框图

二、硬件电路设计

由 AT89C51 单片机、时钟电路、复位电路构成一个基本的单片机系统，再由单片机 P1.0 的 I/O 引脚连接示波器相应引脚组成显示部分。其原理如图 5.7 所示。

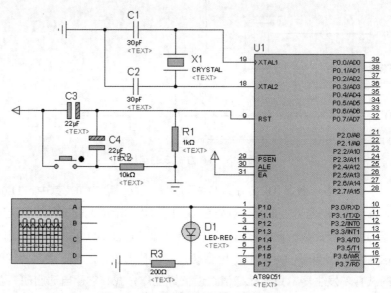

图 5.7　单片机产生周期性信号的原理

（1）复位电路可以提供"上电复位"。

（2）时钟电路以 12MHz 的频率向单片机提供振荡脉冲，保证单片机以规定的频率运行。

（3）$\overline{EA}$ 接 V_{CC}（高电平），表示选择使用从单片机内部 0000H ~ 0FFFH 到外部 1000H ~ FFFFH 这一区域的 ROM。

三、软件设计

下面以单片机产生周期性方波信号为例进行编程。

（1）程序设计。

① 查询方式。

C 语言源程序代码参考如下。

```
#include <reg51.h>
sbit Pl_0=Pl^0;
void main()
{
```

```
    TMOD=0x02;
    TH0=0x06;
    TL0=0x06;
    TR0=1;
    for(;;)                          //查询计数溢出
    { if (TF0)
      {
        TF0=0;P1_0=! P1_0;
      }
    }
}
```

② 中断方式。

C 语言源程序代码参考如下。

```
#include <reg51.h>
sbit P1_0=P1^0;
void main()
{
    TMOD=0x02;
    TH0=0x06;
    TL0=0x06;
    EA=1;
    ET0=1;
    TR0=1;
    while(1);
}
void time0_int(void) interrupt 1   //中断服务程序
{
    P1_0=!P1_0;
}
```

（2）利用 Proteus 仿真软件对系统进行电路仿真，如图 5.8 所示，电路中示波器显示的周期性方波如图 5.9 所示。

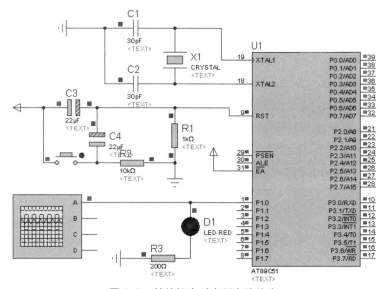

图 5.8　单片机定时中断电路仿真

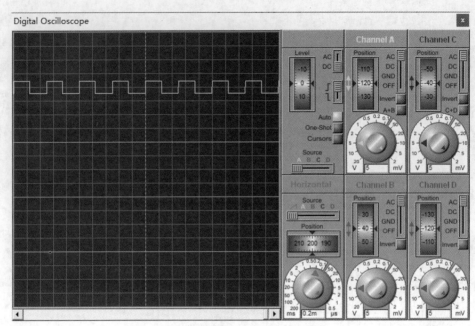

图 5.9　单片机定时中断产生的周期性方波

四、系统调试

1. 硬件调试

硬件是系统的基础，只有硬件能够全部正常工作后才能在此基础上加载软件，从而实现系统功能。

电源部分提供整个电路所需的各种电压，因此，首先确定电源电压是否正确，其次确定单片机的电源引脚电压是否正确，然后确定是不是所有的接地引脚都接了地。如果单片机有内核电压的引脚，需测试内核电压是否正确。随后测量晶振有没有起振，一般晶振起振时两个引脚都会有 1V 左右的电压。接着检查复位电路是否正常。注意测量单片机的 ALE 引脚，看是否有脉冲波输出（51 单片机的 ALE 引脚信号为地址锁存信号，每个机器周期输出两个正脉冲），从而判断单片机是否工作。最后检查数码管是否完好或接好。

2. 软件调试

如果检查硬件电路后确定没有问题却实现不了设计要求，则可能是软件编程的问题。首先应检查主程序，然后是分段程序，要注意逻辑顺序、调用关系，以及涉及的标号，有时会因为一个标号而影响程序的执行。除此之外，还要熟悉各指令的用法，以免出错。还有一个容易忽略的问题，即源程序生成的代码是否已输入单片机中，如果这一过程遗漏，那肯定不能实现设计要求。

3. 软硬件联调

软件调试主要是在编写系统软件时涉及，一般使用 Keil 进行软件的编写和调试。编写软件时首先要分清软件应该分成哪些部分，不同的部分分开编写、调试是最方便的。

在硬件调试和软件调试均正确的前提下，再进行软硬件联调。首先将调试好的软件通过下载器下载到单片机，然后上电查看运行结果。观察系统是否达到预期设计效果，如果未达到，先利用示波器观察单片机的时钟电路，看是否有信号，因为时钟电路是单片机工作的前提，所以一定要保证时钟电路正常。如果不能分析出是硬件问题还是软件问题，就重新检查软硬件及接线。一般情况下硬件问题可以通过万用表等工具检测出来，如果硬件没有问题，则必然是软件问题，就应该重新检查软件，重复上述过程，直至达到预期设计效果。

【任务总结与评价】

1．任务总结

本任务在单片机最小系统基础上，接入示波器及示波器输入信号的指示灯，再通过软件编程控制单片机内部的定时/计数器装置，模拟产生周期性方波信号。系统经仿真调试，得到了清晰的方波信号，达到了设计预期。

2．任务评价

本任务的考核评价体系见表 5.4。

表 5.4　任务 5.1 考核评价体系

班　　级			项目任务			
姓　　名			教　　师			
学　　期			评分日期			
评分内容（满分 100 分）				学生自评	同学互评	教师评价
专业技能 （70 分）	理论知识（20 分）					
	硬件系统的搭建（10 分）					
	程序设计（10 分）					
	仿真实现（20 分）					
	任务汇报（10 分）					
综合素养 （30 分）	遵守现场操作的职业规范（10 分）					
	信息获取的能力（10 分）					
	团队合作精神（10 分）					
各项得分						
综合得分 （学生自评 30%，同学互评 30%、教师评价 40%）						

任务 5.2　单片机中断控制 LED 亮灭状态的设计与仿真

【任务描述】

本任务先介绍中断有关概念、中断系统的结构、中断源及其寄存器的设置等，再设计一个单片机系统，采用中断方式来实现对 LED 状态的改变，用 Keil、Proteus 软件实现中断功能仿真。

【知识链接】

单片机中断系统是单片机系统很重要的一个内部资源。

5.2.1　中断的基本概念

在计算机中，由于计算机内外部的问题或软硬件的问题，使 CPU 从当前正在执行的程序中暂停下来，而自动转去执行预先安排好的处理该问题的服务程序；执行完服务程序后，再返回被暂停的位置继续执行原来的程序，这个过程称为中断。实现中断的硬件系统和软件系统称为中断系统。

5.2.1

1．中断源及中断请求

产生中断请求信号的事件、原因称为中断源。根据中断源产生的原因，中断可分为软件中断和硬件中断。当中断源请求 CPU 中断时，就通过软件或硬件的形式向 CPU 提出中断请求。对于一个中断源，中断请求信号产生一次，CPU 就中断一次，不能出现中断请求产生一次 CPU 响应多次的情况，因此要求中断请求信号及时撤销。

2．中断优先级控制

产生中断的原因很多，当系统有多个中断源时，有时会出现几个中断源同时请求中断的情况，但 CPU 在某个时刻只能对一个中断源进行响应，究竟选择响应哪一个中断源呢？这就是中断优先级的控制问题。在实际系统中，往往根据中断源的重要程度给不同的中断源设定优先等级。当多个中断源提出中断请求时，优先级高的先响应，优先级低的后响应。

3．中断允许与中断屏蔽

当中断源提出中断请求，CPU 检测到后是否立即进行中断处理还要视情况而定。一般，CPU 要响应中断，还受到中断系统多个方面的控制，其中最主要的是中断允许和中断屏蔽的控制。如果某个中断源被系统设置为屏蔽状态，则无论中断请求是否提出，CPU 都不会响应；当中断源设置为允许状态又提出了中断请求时，CPU 才会响应。另外，当有高优先级中断正在响应时，也会屏蔽同级中断和低优先级中断。

4．中断响应与中断返回

当 CPU 检测到中断源提出的中断请求，且中断又处于允许状态时，CPU 就会响应中断，进入中断响应过程。首先对当前的断点地址进行入栈保护，然后把中断服务程序的入口地址送给程序指针 PC，转移到中断服务程序，在中断服务程序中进行相应的中断处理。最后，用中断返回指令 RETI 返回断点位置，结束中断。中断服务程序往往还涉及现场保护和恢复现场，以及其他处理。

5.2.2　中断系统的结构及中断源

1．中断系统的结构

51 单片机的中断系统结构如图 5.10 所示，包含 5 个（或 6 个）硬件中断源、两级中断允许控制、两级中断优先级控制。

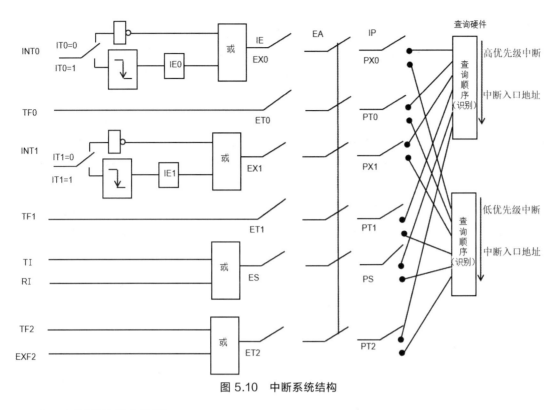

图 5.10　中断系统结构

2．中断系统的中断源

51 单片机没有软件中断，只有硬件中断。51 子系列有 5 个（52 子系列有 6 个）中断源，即两个外部中断源 INT0（P3.2）和 INT1（P3.3），两个定时/计数器 T0 和 T1 的溢出中断 TF0 和 TF1，1 个串行口中断（TI 和 RI）。

（1）外部中断源 INT0 和 INT1

外部中断源 INT0 和 INT1 的中断请求信号分别从外部引脚 P3.2 和 P3.3 输入，主要用于自动控制、实时处理、单片机掉电和设备故障的处理。

外部中断请求 INT0 和 INT1 有两种触发方式，电平触发及跳变（边沿）触发。这两种触发方式可以通过对特殊功能寄存器 TCON 编程来选择。特殊功能寄存器 TCON 在定时/计数器中使用过，其中高 4 位用于定时/计数器控制，低 4 位用于外部中断控制，具体如表 5.5 所示。

表 5.5　定时/计数器控制寄存器 TCON

TCON	D7	D6	D5	D4	D3	D2	DI	DO
（88H）	TF1	TR1	TF0	TR0	IE1	IT1	IE0	IT0

表中低 4 位的各位功能介绍如下。

IT0、IT1 是外部中断 0（或 1）触发方式控制位。IT0（或 IT1）被设置为 0，则选择外部中断为电平触发方式；IT0（或 IT1）被设置为 1，则选择外部中断为边沿触发方式。

IE0、IE1 是外部中断 0（或 1）的中断请求标志位。在电平触发方式下，CPU 在每个机器周期的 S5P2 采样 P3.2（或 P3.3），若 P3.2（或 P3.3）引脚为高电平则 IE0（IE1）清零，若 P3.2（或 P3.3）引脚为低电平则 IE0（IE1）置 1，向 CPU 请求中断；在边沿触发方式下，若上一个机器周期采样到 P3.2（或 P3.3）引脚为高电平，下一个机器周期采样到 P3.2（或 P3.3）引脚为低电平则 IE0（IE1）置 1，向 CPU 请求中断。在边沿触发方式下，CPU 在每个机器周期都采样 P3.2（或 P3.3）。为了保证检测到负跳变，输入 P3.2（或 P3.3）引脚上的高电平与低电平至少应保持 1 个机器周期。CPU 响应后能够由硬件自动将 IE0（IE1）清零。

对于电平触发方式，只要 P3.2（或 P3.3）引脚为低电平，IE0（IE1）就置 1，请求中断，CPU 响应后不能够由硬件自动将 IE0（IE1）清零。如果在中断服务程序返回时，P3.2（或 P3.3）引脚还为低电平，则又会中断，这样就会出现发出一次请求、中断多次的情况。为避免出现这种情况，需要在中断服务程序返回前撤销 P3.2（或 P3.3）的中断请求信号，即使 P3.2（或 P3.3）引脚为高电平。一般通过外加触发器电路来实现，如图 5.11 所示。外部中断请求信号通过 D 触发器加到单片机 P3.2（或 P3.3）引脚上。当外部中断请求信号使 D 触发器的 CLK 端发生正跳变时，由于 D 端接地，Q 端输出 0，向单片机发出中断请求。CPU 响应中断后，利用一根 I/O 接口线 P1.0 作应答线。

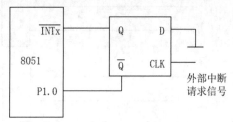

图 5.11 撤销外部中断的外电路

（2）定时/计数器 T0 和 T1 中断

当定时/计数器 T0（或 T1）溢出时，由硬件置 TF0（或 TF1）为 1，向 CPU 发送中断请求，当 CPU 响应中断后由硬件自动清除 TF0（或 TF1）。

（3）串行口中断

51 单片机的串行口中断源对应两个中断标志位，串行口发送中断标志位 TI 和串行口接收中断标志位 RI。无论哪个标志位置 1，都请求串行口中断，到底是发送中断 TI 还是接收中断 RI，只有在中断服务程序中通过指令查询来判断。串行口中断响应后，不能由硬件自动清零，必须由软件对 TI 或 RI 清零。

5.2.3 中断允许控制及中断优先级控制

1. 中断允许控制

51 单片机中没有专门的开中断和关中断指令，对各个中断源的允许和屏蔽是由内部的中断允许寄存器 IE 的各位来控制的。中断允许寄存器 IE 的字节地址为 A8H，可以进行位寻址，其格式如表 5.6 所示。

5.2.3

表 5.6 中断允许寄存器 IE

IE	D7	D6	D5	D4	D3	D2	D1	DO
（A8H）	EA		ET2	ES	ET1	EX1	ET0	EX0

各位说明具体如下。

EA：中断允许总控位。EA=0，屏蔽所有的中断请求；EA=1，开放中断。

ET2：定时/计数器 T2 的溢出中断允许位。

ES：串行口中断允许位。

ET1：定时/计数器 T1 的溢出中断允许位。

EX1：外部中断 INT1 的中断允许位。

ET0：定时/计数器 T0 的溢出中断允许位。

EX0：外部中断 INT0 的中断允许位。

2．中断优先级控制

每个中断源有高优先级和低优先级两级控制，通过内部的中断优先级寄存器 IP 来设置。中断优先级寄存器 IP 的字节地址为 B8H，可以进行位寻址，其格式如表 5.7 所示。

表 5.7　中断优先级控制寄存器 IP

IP	D7	D6	D5	D4	D3	D2	D1	D0
（B8H）			PT2	PS	PT1	PX1	PT0	PX0

各位说明具体如下。

PT2：定时/计数器 T2 的中断优先级控制位，适用于 52 子系列。

PS：串行口的中断优先级控制位。

PT1：定时/计数器 T1 的中断优先级控制位。

PX1：外部中断 INT1 的中断优先级控制位。

PT0：定时/计数器 T0 的中断优先级控制位。

PX0：外部中断 INT0 的中断优先级控制位。

如果某位被置 1，则对应的中断源被设为高优先级；如果某位被置 0，则对应的中断源被设为低优先级。对于同级中断源，系统有默认的优先级顺序，如表 5.8 所示。

表 5.8　同级中断源优先级顺序

中断源	优先级顺序
外部中断 0	高
定时/计数器 T0 中断	
外部中断 1	↓
定时/计数器 T1 中断	
串行口中断	
定时/计数器 T2 中断	低

通过中断优先级寄存器 IP 改变中断源的优先级顺序可以实现两个方面的功能：改变系统中断源的优先级顺序和实现二级中断嵌套。

设置中断优先级寄存器 IP 能够在一定程度上改变系统默认的优先级顺序。例如，要把外部中断 INT1 的中断优先级设为最高，其他的按系统默认的顺序，即 PX1 位设为 1，其余位设为 0，5 个中断源的优先级顺序由高到低就设置为 INT1→INT0→T0→T1→ES。但不能把优先级顺序由高到低设置为 T1→T0→INT0→INT1→ES，因为如果定时/计数器 0 和定时/计数器 1 比外中断 0 优先级高，那么它们应设置为高优先级，这时它们的顺序又固定了，定时/计数器 0 比定时/计数器 1 优先级高。

对于中断优先级和中断嵌套，一般 51 单片机对正在进行的中断过程不能被新的同级或低优先级的中断请求所中断，一直到该中断服务程序结束，返回了主程序且执行了主程序中的一条指令后，CPU 才响应新的中断请求；正在进行的低优先级中断服务程序能被高优先级中断请求所中断，实现两级中断嵌套；CPU 若同时接收到几个中断请求，首先响应优先级最高的中断请求。

5.2.4　中断响应

1．中断响应的条件

51 单片机响应中断必须有中断源请求，且中断设置为允许的前提下无同级或高级中断正在处理；现行指令执行到最后一个机器周期且已结束；若现行指令为 RETI 或访问 IE、IP 的指令，现行指令执行完毕且紧随其后的另一条指令也已执行完毕。

2．中断响应过程

51 单片机响应中断后，由硬件自动执行如下的功能操作：根据中断请求源的优先级高低，对相应的优先级状态触发器置 1；保护断点，即把程序计数器 PC 的内容压入堆栈保存；清除内部硬件可清除的中断请求标志位（IE0、IE1、TF0、TF1）；把被响应的中断服务程序入口地址送入 PC，从而转入相应的中断服务程序执行。各中断服务程序的入口地址如表 5.9 所示。

表 5.9　中断服务程序入口地址

中断源	入口地址
外部中断 0	0003H
定时/计数器 T0	000BH
外部中断 1	0013H
定时/计数器 T1	001BH
串行口	0023H
定时/计数器 T2（仅 52 子系列有）	002BH

3．中断响应时间

所谓中断响应时间是指从 CPU 检测到中断请求信号到转入中断服务程序入口所需要的机器周期。51 单片机响应中断的最短时间为 3 个机器周期，即当 CPU 检测到中断请求信号时正好是一条指令的最后一个机器周期，则不需等待就可以立即响应。这种情况下，响应中断就是内部硬件执行一条长调用指令，需要两个机器周期，加上检测需要 1 个机器周期，共 3 个机器周期。

【任务实施】

一、总体方案设计

要实现单片机采用中断方式控制 LED 状态的功能，主要涉及单片机最小系统、LED 组成的硬件和必要的软件部分的设计。硬件电路方框图如图 5.12 所示。

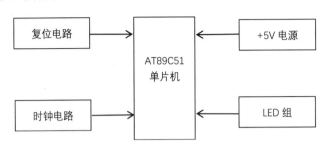

任务 5.2　任务实施

图 5.12　单片机采用中断方式控制 LED 状态的硬件电路方框图

二、硬件电路设计

由 AT89C51 单片机、时钟电路、复位电路构成一个基本的单片机系统，再由外部 P2.0 口的 I/O 引脚连接 LED 组成显示部分，其硬件电路如图 5.13 所示。

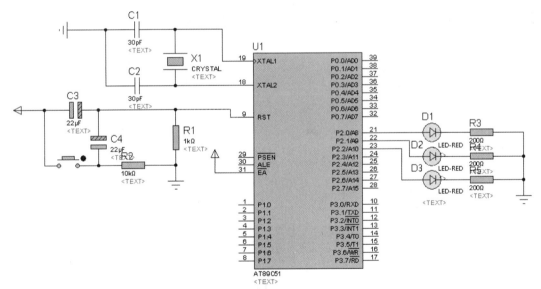

图 5.13　单片机中断控制 LED 硬件电路

（1）复位电路可以提供"上电复位"。

（2）时钟电路以 12MHz 的频率向单片机提供振荡脉冲，保证单片机以规定的频率运行。

（3）$\overline{EA}$ 接 V_{CC}（高电平），表示选择使用从单片机内部 0000H～0FFFH 到外部 1000H～FFFFH 这一区域的 ROM。

三、软件设计

（1）软件译码动态显示的 C 程序如下。

```
#include<reg51.h>
void isr_t0(void);
```

```
unsigned char counter;
sbit L0=P2^0;
sbit L1=P2^1;
sbit L2=P2^2;
void main(void)
{
    counter=0;
    TR0=0;
    TMOD=0x01;
    TH0=0xEC;
    TL0=0x78;
    EA=1;
    ET0=1;
    TR0=1;
    while(1);
}
void isr_t0(void) interrupt 1
{
    TH0=0xEC;
    TL0=0x78;
    counter++;
    if(counter==200)
    {
        L0=!L0;
        L1=!L1;
        L2=!L2;
        counter=0;
    }
}
```

（2）利用 Proteus 仿真软件对系统进行电路仿真，如图 5.14 所示。

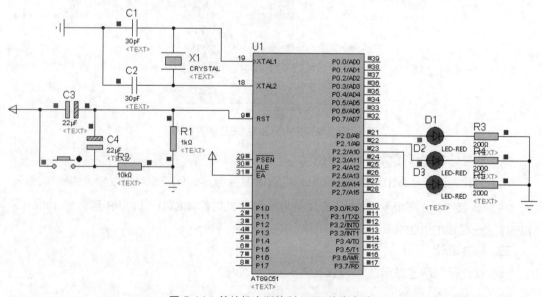

图 5.14　单片机中断控制 LED 仿真电路

四、系统调试

1. 硬件调试

硬件是系统的基础，只有硬件能够全部正常工作后才能在此基础上加载软件，从而实现系统功能。

电源部分提供整个电路所需的各种电压，因此，首先确定电源电压是否正确，其次确定单片机的电源引脚电压是否正确，然后确定是不是所有的接地引脚都接了地。如果单片机有内核电压的引脚，需测试内核电压是否正确。随后测量晶振有没有起振，一般晶振起振时两个引脚都会有 1V 左右的电压。接着检查复位电路是否正常。注意测量单片机的 ALE 引脚，看是否有脉冲波输出（51 单片机的 ALE 引脚信号为地址锁存信号，每个机器周期输出两个正脉冲），从而判断单片机是否工作。最后检查数码管是否完好或接好。

2. 软件调试

如果检查硬件电路后确定没有问题却实现不了设计要求，则可能是软件编程的问题。首先应检查主程序，然后是分段程序，要注意逻辑顺序、调用关系，以及涉及的标号，有时会因为一个标号而影响程序的执行，除此之外，还要熟悉各指令的用法，以免出错。还有一个容易忽略的问题，即源程序生成的代码是否输入单片机中，如果这一过程出错，那肯定不能实现设计要求。

3. 软硬件联调

软件调试主要是在编写系统软件时涉及，一般使用 Keil 进行软件的编写和调试。编写软件时首先要分清软件应该分成哪些部分，不同的部分分开编写、调试是最方便的。

在硬件调试和软件调试均正确的前提下，再进行软硬件联调。首先将调试好的软件通过下载器下载到单片机，然后上电查看运行结果。观察系统是否达到预期设计效果，如果未达到，先利用示波器观察单片机的时钟电路，看是否有信号，因为时钟电路是单片机工作的前提，所以一定要保证时钟电路正常。如果不能分析出是硬件问题还是软件问题，就重新检查软硬件及接线。一般情况下硬件问题可以通过万用表等工具检测出来，如果硬件没有问题，则必然是软件问题，就应该重新检查软件，重复上述过程，直至达到预期设计效果。

【任务总结与评价】

1. 任务总结

本任务在单片机最小系统基础上接入 3 位 LED，用 LED 的状态指示中断信号，再通过软件编程控制单片机内部的中断装置。系统经仿真调试，LED 状态能指示定时中断，达到设计预期。

2. 任务评价

本任务的考核评价体系如表 5.10 所示。

表 5.10　任务 5.2 考核评价体系

班　级		项目任务			
姓　名		教　师			
学　期		评分日期			
评分内容（满分 100 分）			学生自评	同学互评	教师评价
专业技能 （70 分）	理论知识（20 分）				
	硬件系统的搭建（10 分）				
	程序设计（10 分）				
	仿真实现（20 分）				
	任务汇报（10 分）				
综合素养 （30 分）	遵守现场操作的职业规范（10 分）				
	信息获取的能力（10 分）				
	团队合作精神（10 分）				
各项得分					
综合得分 （学生自评 30%，同学互评 30%、教师评价 40%）					

任务 5.3　串行口实现双机通信系统的设计与仿真

【任务描述】

本任务是利用 AT89C51 单片机的串行口功能实现多机通信系统的设计与仿真。设计一个具有 1 台主机、1 台从机的双机通信系统，用 Keil、Proteus 等平台进行系统搭建、编程、仿真，实现数码管显示通信信息的功能。

【知识链接】

串行接口是计算机重要的外部接口，计算机通过它与外部设备进行通信。

5.3.1　并行通信和串行通信

计算机与外界的通信有两种基本方式——并行通信和串行通信，如图 5.15 所示。

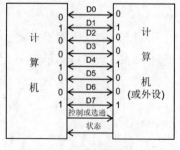
（a）并行通信

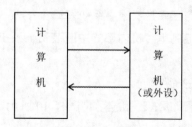
（b）串行通信

图 5.15　计算机与外界通信的基本方式

一次同时传送多位数据的通信方式称为并行通信，例如，一次传送 8 位或 16 位数据。在 MCS-51 系列单片机中，并行通信可通过并行 I/O 接口实现。并行通信的特点是通信速度快，但传输信号线多，传输距离较远时线路复杂、成本高，通常用于近距离通信。

按一位接一位顺序传送数据的通信方式称为串行通信。串行通信可以通过串行口来实现。它的特点是传输线少、通信线路简单、通信速度慢、成本低，适合长距离通信。根据信息传送的方向，串行通信可以分为单工、半双工和全双工 3 种，如图 5.16 所示。单工方式只有一根数据线，信息只能单向传送；半双工方式也只有一根数据线，但信息可以分时双向传送；全双工方式有两根数据线，在同一个时刻能够实现数据双向传送。

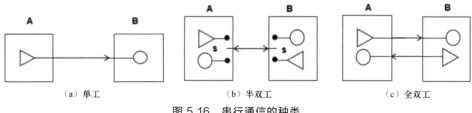

（a）单工　　　　　　（b）半双工　　　　　　（c）全双工

图 5.16　串行通信的种类

5.3.2　异步通信和同步通信

串行通信按信息的格式又可分为异步通信和同步通信两种方式。

5.3.2

1. 串行异步通信方式

串行异步通信方式的特点是数据在线路上传送时是以一个字符（字节）为单位，未传送时线路处于空闲状态，空闲线路约定为高电平 1。传送的一个字符又称为一帧信息，传送时在每一个字符前加一个低电平的起始位；然后是数据位，数据位可以是 5～8 位，低位在前、高位在后；数据位后可以带一个奇偶校验位；最后是停止位，停止位用高电平表示，它可以是 1 位、1 位半或 2 位。异步通信格式如图 5.17 所示。

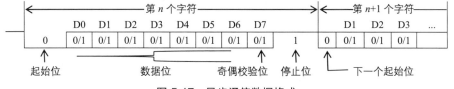

图 5.17　异步通信数据格式

异步传送时，字符间可以间隔，间隔的位数不固定。由于一次只传送一个字符，因而一次传送的位数比较少，对发送时钟和接收时钟的要求相对不高，线路简单，但传送速度较慢。

2. 串行同步通信方式

串行同步通信方式的特点是数据在线路上传送时以数据块为单位，一次传送多个字符，传送时需在其前面加上一个或两个同步字符、后面加上校验字符，格式如图 5.18 所示。

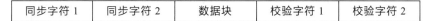

| 同步字符 1 | 同步字符 2 | 数据块 | 校验字符 1 | 校验字符 2 |

图 5.18　同步通信数据格式

同步方式一次连续传送多个字符，传送的位数多，对发送时钟和接收时钟要求较高，往往用同一个时钟源控制，控制线路复杂，传送速度快。

3．波特率与比特率

波特率与比特率都是描述数字通信中信道传输速率的单位。波特率是指单位时间内信道传输的码元数，也叫调制速率，单位为波特（Baud），在实际应用时常省略。比特率是指单位时间内信道传输的二进制代码有效位数，表示有效数据的传输速率，用比特/秒（bit/s）表示。

$$比特率 = 波特率 × 一个码元传送的比特数$$

两相调制时，单个调制状态对应一个二进制位，即一个码元传送一个比特数据，比特率和波特率相同；四相调制时，单个调制状态对应两个二进制位，即一个码元传送两个比特数据，比特率等于波特率的两倍。平常所说的传输速率 600、1200 和 9600 等，指的是波特率，分别表示单位时间内传输的码元个数为 600、1200 和 9600。

5.3.3　C51 单片机串行口功能与结构

1．串行口功能

C51 单片机具有一个全双工的串行异步通信接口，可以同时发送、接收数据，发送、接收数据可通过查询或中断方式处理，十分灵活。它有 4 种工作方式，分别是方式 0、方式 1、方式 2 和方式 3。其中，方式 0 称为同步移位寄存器方式，一般用于外接移位寄存器芯片扩展 I/O 接口；方式 1 是 8 位的异步通信方式，通常用于双机通信；方式 2 和方式 3 是 9 位的异步通信方式，通常用于多机通信。

2．串行口结构

C51 单片机串行口主要由发送/接收 SBUF、门（发送/输出控制门）、发送控制器、接收控制器、输入移位寄存器等组成，如图 5.19 所示。

从用户使用的角度，串行口由 3 个特殊功能寄存器组成：发送数据和接收数据共用的串行口数据寄存器 SBUF，串行口控制寄存器 SCON，电源控制寄存器 PCON。

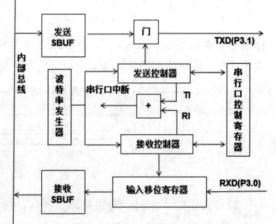

图 5.19　单片机串行口的结构

3．串行口控制寄存器 SCON

串行口控制寄存器格式如表 5.11 所示。

表 5.11　串行口控制寄存器 SCON

SCON	D7	D6	D5	D4	D3	D2	D1	D0
（98H）	SM0	SM1	SM2	REN	TB8	RB8	TI	RI

其中 SM0、SM1 为串行口工作方式选择位，用于选择 4 种工作方式之一，串行口工作方式的选择如表 5.12 所示。

表 5.12　串行口工作方式的选择

SM0	SM1	方式	功能	波特率
0	0	方式 0	移位寄存器方式	$f_{osc}/12$
0	1	方式 1	8 位异步通信方式	可变
1	0	方式 2	9 位异步通信方式	$f_{osc}/32$ 或 $f_{osc}/64$
1	1	方式 3	9 位异步通信方式	可变

SM2：多机通信控制位。

REN：允许接收控制位。当 REN=1，允许接收；当 REN=0，禁止接收。

TB8：发送数据的第 9 位。

RB8：接收数据的第 9 位。

TI：发送中断标志位。

RI：接收中断标志位。

4．电源控制寄存器 PCON

电源控制寄存器 PCON 是一个特殊功能寄存器，它主要用于电源控制方面。另外，PCON 中的最高位 SMOD 位称为波特率加倍位，它用于对串口的波特率进行控制，格式如表 5.13 所示。

表 5.13　电源控制寄存器 PCON

PCON	D7	D6	D5	D4	D3	D2	D1	D0
（87H）	SMOD							

当 SMOD 位为 1，则串行口方式 1、方式 2、方式 3 的波特率加倍。PCON 的字节地址为 87H，不能进行位寻址，只能按字节方式访问。

5.3.4　串行口的工作方式

由前述可知，C51 单片机的串行口有 4 种工作方式，根据串行口控制寄存器 SCON 中的 SM0、SM1 决定。

5.3.4

1．方式 0

方式 0 通常用来外接移位寄存器，用作扩展 I/O 口。方式 0 工作时波特率固定为 $f_{osc}/12$。工作时，串行数据通过 RXD 输入和输出，同步时钟通过 TXD 输出。发送和接收数据时低位在前，高位在后，长度为 8 位。

（1）发送过程

在 TI=0 的条件下，当 CPU 执行一条向 SBUF 写数据的指令时，串行口就启动发送过程。经过一个机器周期，写入发送数据寄存器中的数据按低位在前、高位在后从 RXD 依次发送出去，同步时钟从 TXD 送出。8 位数据（一帧）发送完毕后，由硬件使发送中断标志 TI 置位，向 CPU 申请中断。

（2）接收过程

在 RI=0 的条件下，将 REN（SCON.4）置 1 就启动一次接收过程。串行数据通过 RXD 接收，同步移位脉冲通过 TXD 输出。在移位脉冲的控制下，RXD 上的串行数据依次移入移位寄存器。当 8 位数据（一帧）全部移入移位寄存器后，接收控制器发出"装载 SBUF"信号，将 8 位数据并行送入 SBUF 中，同时，由硬件使接收中断标志 RI 置位，向 CPU 申请中断。

2．方式 1

方式 1 为 8 位异步通信方式，在方式 1 下，一帧信息为 10 位：1 位起始位（0），8 位数据位（低位在前）和 1 位停止位（1）。TXD 为发送数据端，RXD 为接收数据端。波特率可变，由定时/计数器 T1 的溢出率和电源控制寄存器 PCON 中的 SMOD 位决定，即波特率=2SMOD×(T1 的溢出率)/32。

（1）发送过程

在 TI=0 的条件下，当 CPU 执行一条向 SBUF 写数据的指令时，串行口就启动了发送过程。数据由 TXD 引脚送出，发送时钟由定时/计数器 T1 送来的溢出信号经过 16 分频或 32 分频后得到。在发送时钟的作用下，先通过 TXD 端送出一个低电平的起始位，然后是 8 位数据（低位在前），其后是一个高电平的停止位。当一帧数据发送完毕后，由硬件使发送中断标志 TI 置位，向 CPU 申请中断，完成一次发送过程。

（2）接收过程

当允许接收控制位 REN 被置 1，接收器就开始工作，由接收器以所选波特率的 16 倍速率对 RXD 引脚上的电平进行采样。当采样到从 1 到 0 的负跳变时，启动接收控制器开始接收数据。在接收移位脉冲的控制下依次把所接收的数据移入移位寄存器，当 8 位数据及停止位全部移入后，根据以下状态进行响应操作：如果 RI=0、SM2=0，接收控制器发出"装载 SBUF"信号，将输入移位寄存器中的 8 位数据装入 SBUF，停止位装入 RB8，并置 RI=1，向 CPU 申请中断；如果 RI=0、SM2=1，那么只有停止位为 1 才发生上述操作；如果 RI=0、SM2=1 且停止位为 0，所接收的数据不装入 SBUF，数据将会丢失；如果 RI=1，则所接收的数据在任何情况下都不装入 SBUF，即数据丢失。

3．方式 2 和方式 3

方式 2 和方式 3 都为 9 位异步通信方式，接收和发送一帧信息长度为 11 位，即 1 个低电平的起始位、9 位数据位、1 个高电平的停止位。发送的第 9 位数据放于 TB8 中，接收的第 9 位数据放于 RB8 中。TXD 为发送数据端，RXD 为接收数据端。方式 2 和方式 3 的区别在于波特率不一样，其中方式 2 的波特率只有两种——f_{osc}/32 或 f_{osc}/64；方式 3 的波特率与方式 1 的波特率相同，由定时/计数器 T1 的溢出率和电源控制寄存器 PCON 中的 SMOD 位决定，即波特率=2SMOD×(T1 的溢出率)/32。在方式 1 下，也需要对定时/计数器 T1 进行初始化。

（1）发送过程

方式 2 和方式 3 发送的数据为 9 位，其中发送的第 9 位在 TB8 中，在启动发送之前，必须把要发送的第 9 位数据装入 SCON 寄存器的 TB8 中。准备好 TB8 后，就可以通过向 SBUF 中写入发送的字符数据来启动发送过程，发送时前 8 位数据从发送数据寄存器中取得，发送的第 9 位从 TB8 中取得。一帧信息发送完毕，置 TI 为 1。

（2）接收过程

方式 2 和方式 3 的接收过程与方式 1 类似，当 REN 位置 1 时也启动接收过程，所不同的是接收的第 9 位数据是发送过来的 TB8 位，而不是停止位，接收到后存放到 SCON 中的 RB8 中；对接收是否有判断也是用接收的第 9 位，而不是用停止位。其余情况与方式 1 相同。

5.3.5　串行口的编程及应用

1．串行口控制寄存器 SCON 位的确定

根据工作方式确定 SM0、SM1 位；对于方式 2 和方式 3 还要确定 SM2 位；如果是接收端，则允许接收位 REN 为 1；如果方式 2 和方式 3 发送数据，则应将发送数据的第 9 位写入 TB8 中。

2．设置波特率

对于方式 0，不需要对波特率进行设置。对于方式 2，设置波特率仅需对 PCON 中的 SMOD 位进行设置。

对于方式 1 和方式 3，设置波特率不仅需对 PCON 中的 SMOD 位进行设置，还要对定时/计数器 T1 进行设置，这时定时/计数器 T1 一般工作于方式 2——8 位可重置方式，初值可由下面的公式求得。

由于：

$$波特率 = 2^{SMOD} \times (T1 \ 的溢出率)/32$$

则：

$$T1 \ 的溢出率 = 波特率 \times 32/2^{SMOD}$$

而 T1 工作于方式 2 的溢出率又可由下式表示：

$$T1 \ 的溢出率 = f_{osc}/(12 \times (256 - T1 \ 的初值))$$

所以：

$$T1 \ 的初值 = 256 - f_{osc} \times 2^{SMOD}/(12 \times 波特率 \times 32)$$

3．串行口的应用

通常串行口适用于 3 种情况：利用方式 0 扩展并行 I/O 口；利用方式 1 实现点对点的双机通信；利用方式 2 或方式 3 实现多机通信。

（1）利用方式 0 扩展并行 I/O 口

C51 单片机的串行口在方式 0 下，当外接一个串入并出的移位寄存器时就可以扩展并行输出口，当外接一个并入串出的移位寄存器时就可以扩展并行输入口。

例 5-1　用 8051 单片机的串行口外接串入并出的芯片 CD4094，扩展并行输出口控制一组 LED，使 LED 延时轮流显示。

分析：CD4094 是一块 8 位的串入并出芯片，带有一个控制端 STB。当 STB=0 时，打开串行输入控制门，在时钟信号 CLK 的控制下，数据从串行输入端 DATA 一个时钟周期一位依次输入；当 STB=1 时，打开并行输出控制门，CD4094 中的 8 位数据并行输出。使用时，8051 串行口工作于方式 0，8051 的 TXD 接 CD4094 的 CLK，RXD 接 DATA，STB 用 P1.0 控制，8 位并行输出端接 8 个 LED，如图 5.20 所示。

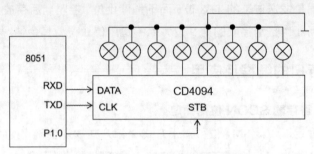

图 5.20　单片机串行口扩展串入并出口

设串行口采用查询方式，延时的显示依靠延时子程序来实现，程序如下。

```
# include<reg51.h>        //包含特殊功能寄存器库
#include<intrins.h>
sbit P1_0=P1^0;
void main()
{
    unsigned char i,j;
    SCON=0x00;
    j=0x01;
    for(; ;)
    {
        P1_0=0; SBUF=j;
        while (!TI)
        {
            ;
        }
        P1_0=1;TI=0;
        for (i=0;i<=254;i++)
        {
            ;
        }
        j=j*2;
        if (j= =0x00) j=0x01;
    }
}
```

例 5-2　用 8051 单片机的串行口外接并入串出的芯片 CD4014，扩展并行输入口，输入一组开关的信息。

分析：CD4014 是一块 8 位的并入串出芯片，带有一个控制端 P/S。当 P/S=1 时，8 位并行数据置入内部的寄存器；当 P/S=0 时，在时钟信号 CLK 的控制下，内部寄存器的内容按低位在前从 QB 串行输出端依次输出。使用时，8051 串行口工作于方式 0，8051 的 TXD 接 CD4014 的 CLK，RXD 接 QB，P/S 用 P1.0 控制；另外，用 P1.1 控制位 8 并行数据的置入，如图 5.21 所示。

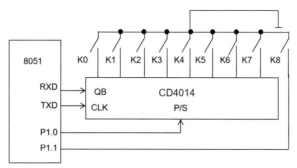

图 5.21　单片机串行口扩展并入串出口

串行口方式 0 数据的接收用 SCON 中的 REN 位来控制，采用查询 RI 的方式来判断数据是否输入，程序如下。

```
# include<reg51.h>   //包含特殊功能寄存器库
#include<intrins.h>
sbit P1_0=P1^0;
sbit P1_1=P1^1;
void main()
{
    unsigned char i;
    P1_1=1;
    while (P1_1= =1)
    {
        ;
    }
    P1_0=1; P1_0=0;
    SCON=0x10;
    while (!RI)
    {
        ;
    }
    RI=0; i=SBUF;
    ......
}
```

（2）利用方式 1 实现点对点的双机通信

要实现甲与乙两台单片机点对点的双机通信，线路连接中只需将甲机的 TXD 与乙机的 RXD 相连，将乙机的 TXD 与甲机的 RXD 相连，地线与地线相连。

例 5-3　设计双机通信系统。要求：甲机 P1 口开关的状态通过串行口发送到乙机，乙机接收到后 P2 口的 LED 亮；乙机 P1 口开关的状态发送到甲机，甲机接收到后 P2 口的 LED 亮。双机通信原理如图 5.22 所示。

分析：甲乙两机都选择方式 1 即 8 位异步通信方式，最高位用作奇偶校验，波特率为 1200，甲机发送、乙机接收，因此甲机的串口控制字为 40H，乙机的串口控制字为 50H。由于选择的是方式 1，

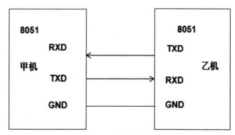

图 5.22　双机通信原理

波特率由定时/计数器 T1 的溢出率和电源控制寄存器 PCON 中的 SMOD 位决定。需对定时/

计数器 T1 初始化。

设 SMOD=0，甲、乙两机的振荡频率为 12MHz（由于波特率为 1200）。定时/计数器 T1 选择为方式 2，则初值=$256 - f_{osc} \times 2^{SMOD}/(12 \times$ 波特率$\times 32)$=256-12000000/(12×1200×32)≈230=E6H。

（3）利用方式 2 或方式 3 实现多机通信

通过 C51 单片机串行口能够实现一台主机与多台从机进行通信，主机和从机之间能够相互发送和接收信息。但从机与从机之间不能相互通信。C51 单片机串行口的方式 2 和方式 3 是 9 位异步通信方式，发送信息时，发送数据的第 9 位由 TB8 取得，接收信息的第 9 位放于 RB8 中，而接收是否有效受 SM2 位影响。当 SM2=0 时，无论接收的 RB8 位是 0 还是 1，接收都有效，RI 都置 1；当 SM2=1 时，只有接收的 RB8 位等于 1 时，接收才有效，RI 才置 1。利用这个特性便可以实现多机通信。多机通信时，主机每一次都向从机传送两个字节信息，先传送从机的地址信息，再传送数据信息。处理时，地址信息的 TB8 位设为 1，数据信息的 TB8 位设为 0。

多机通信过程如下：所有从机的 SM2 位开始都置为 1，都能够接收主机送来的地址；主机发送一帧地址信息，包含 8 位的从机地址，TB8 置 1，表示发送的为地址帧；由于所有从机的 SM2 位都为 1，从机都能接收主机发送来的地址，从机接收到主机送来的地址后与本机的地址相比较，如接收的地址与本机的地址相同则使 SM0 位为 0，准备接收主机送来的数据，如果不同则不做处理；主机发送数据，发送数据时 TB8 置为 0，表示为数据帧；对于从机，由于主机发送的第 9 位 TB8 为 0，那么只有 SM2 位为 0 的从机可以接收主机送来的数据。这样就实现了主机从多台从机选择一台从机进行通信。

例 5-4　要求设计一个 1 台主机、255 台从机的多机通信系统。

分析：本例的设计实现包括硬件设计与软件设计两方面。多机通信硬件线路设计如图 5.23 所示。软件设计包括通信协议的设置、通信程序流程图的设计、主机的通信程序设计、从机的通信程序设计等方面。

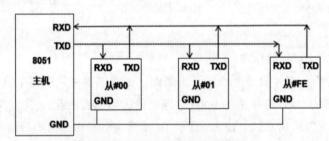

图 5.23　多机通信硬件线路设计

通信时，为了处理方便，通信双方应制定相应的协议（称为通信协议）。将主、从机串行口都设为方式 3，波特率为 1200，PCON 中的 SMOD 位都取 0。设 f_{osc} 为 12MHz，则定时/计数器 T1 的方式控制字为 20H，初值为 E6H，主机的 SM2 位设为 0，从机的 SM2 开始设为 1，从机地址为 00H～FEH。

另外需制定几条简单的协议，例如，主机发送的控制命令如下。

00H——要求从机接收数据（TB8=0）；

01H——要求从机发送数据（TB8=0）；

FFH——命令所有从机的 SM2 位置 1，准备接收主机送来的地址（TB8=1）。

从机发主机状态字格式如表 5.14 所示。

表 5.14　从机发主机状态字格式

D7	D6	D5	D4	D3	D2	D1	D0
ERR						TRDY	RRDY

其中，ERR=1，表示从机接收到非法命令；TRDY=1，表示从机发送准备就绪；RRDY=1，表示从机接收准备就绪。

主机通信程序的流程图如图 5.24 所示。从机采用中断处理，主程序对串口和中断系统初始化。中断服务程序中实现信息的接收与发送，从机中断服务程序流程图如图 5.25 所示。

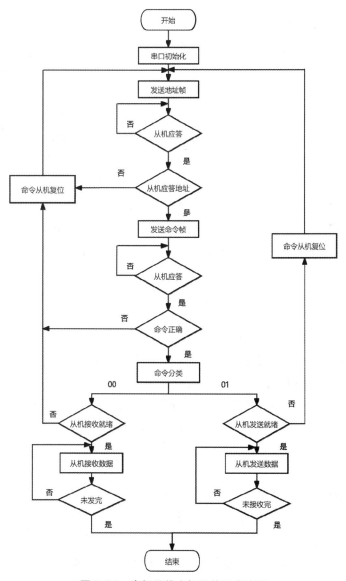

图 5.24　多机通信主机通信程序流程

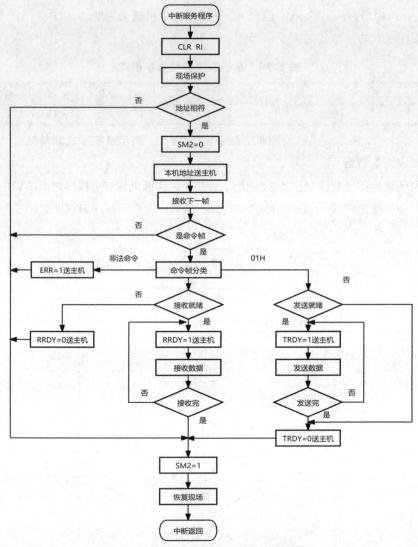

图 5.25　多机通信从机中断服务程序流程

主机的通信程序设计：设主机发送、接收数据块长度为 16 字节。这里仅编写主机发 16
字节到 01 号从机的程序和主机从 02 号从机接收 16 字节的程序。

从机的通信程序设计：从机接收、发送数据块长度为 16 字节，所有从机的程序相同，只
是不同从机的本机号不一样。

【任务实施】

一、总体方案设计

单片机双机通信系统主要包括单片机主机最小系统、单片机从机及其最
小系统组成的硬件和必要的软件部分，方框图如图 5.26 所示。

二、硬件电路设计

由 AT89C51 芯片、时钟电路、复位电路、ADC0808 芯片构成一个基本的单片机主机系
统，作为发送端，其具体原理如图 5.27 所示。由 AT89C51 芯片、时钟电路、复位电路、示

任务 5.3　任务
实施

波器构成一个基本的单片机从机系统，作为接收端，其具体原理如图 5.28 所示。主机与从机通过 I/O 引脚连接。

（1）复位电路可以提供"上电复位"。

（2）时钟电路以 12MHz 的频率向单片机提供振荡脉冲，保证单片机以规定的频率运行。

（3）$\overline{EA}$ 接 V_{CC}（高电平），表示选择使用从单片机内部 0000H～0FFFH 到外部 1000H～FFFFH 这一区域的 ROM。

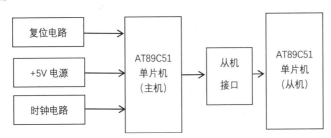

图 5.26　单片机双机通信方框图

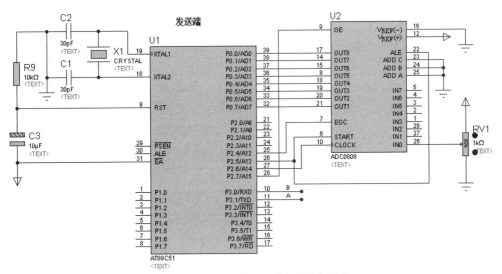

图 5.27　双机通信主机（发送端）原理

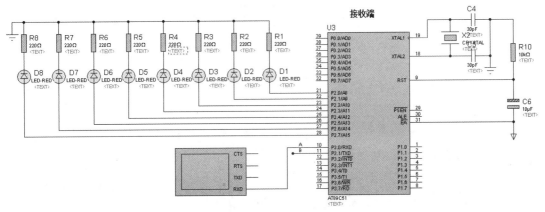

图 5.28　双机通信从机（接收端）原理

三、软件设计

（1）程序设计。

主机（发送端）的程序代码如下。

```
#include <AT89X51.h>
sbit EOC=P2^4;              //定义ADC0808/0809转换结束信号
sbit START=P2^5;           //定义ADC0808/0809启动转换命令
sbit CLOCK=P2^6;           //定义ADC0808/0809时钟脉冲输入位
sbit OE=P2^7;              //定义ADC0808/0809数据输出允许位
unsigned char adc;         //存放转换后的数据
void main(void)
{ bit ERR;
  EA=0;
  TMOD=0x22;          // T0、T1为方式2
  TH0=0x14;
  TL0=0x14;
  TH1=253;            // 波特率为9600
  TL1=253;
  IE=0x82;
  TR0=1;              /* 开中断,启动定时器 */
  TR1=1;
  SCON=0xD0;          //设串口为方式3
  //ADC0808转换
  while(1)
  {
    START=0;
    START=1;
    START=0;          //启动转换
    while(!EOC);      //等待转换结束
    OE=1;             //允许输出
    adc=P0;           //取转换结果
    do
    {
      ERR = 0;
      ACC = adc;
      TB8 = P;
      SBUF=ACC;                //发送采集的数据
      while(TI == 0) ;         //等待发送数据结束（数据发送完,TI由硬件置位）
      TI=0;                    //TI复位
      while(RI == 0);
      RI = 0;
      if(SBUF!=0)   ERR=1;
    } while(ERR==1);
  }
}
/* 定时/计数器1的中断服务子程序 */
void timer0(void)   interrupt 3 using 1
{
  CLOCK=~CLOCK;   //产生ADC0808/0809时钟脉冲信号
}
```

从机（接收端）的程序代码如下。

```c
#include <AT89X51.h>
unsigned char tmp;        //存放接收数据
void main(void)
{
while(1)
{
  bit ERR;
  TMOD=0x20;              //T1 为方式 2
  TH1=253;               //波特率为 9600
  TL1=253;
  PCON=0;                //电源控制寄存器
  TR1=1;
  SCON=0xC0;             //设串口为方式 3
  SCON=0xD0;             //设串口为方式 3、允许串行口接收
  do
  {
    ERR=0;
    while(RI==0);
    RI=0;                //等待接收一个字节
    ACC=SBUF;            //根据接收的字节形成校验位 P
    if(P!=RB8)           //如果校验错
    {
      SBUF=0xff;         //发送应答信号 0xff
      ERR=1;             //ERR 置 1，准备重新接收
    }
    else                 //校验正确
      {
        P2=SBUF;         //将数据存入接收缓冲区
        SBUF=0x00;       //发送应答信号 0x00
      }
    while(TI==0);
    TI=0;                //等待应答信号发送完成
    } while (ERR==1);    //如果 ERR 为 1，重新接收
  }
}
/* 定时/计数器 1 的中断服务子程序 */
void timer0(void)  interrupt 4 using 1
{
  if(RI==1)
  {
    RI=0;                //接收中断标志位复位
    tmp=SBUF;            //接收发送端传送来的数据
    P2=tmp;              //送显示器 LED 显示
  }
}
```

（2）利用 Proteus 仿真软件对系统进行电路仿真，如图 5.29 所示。

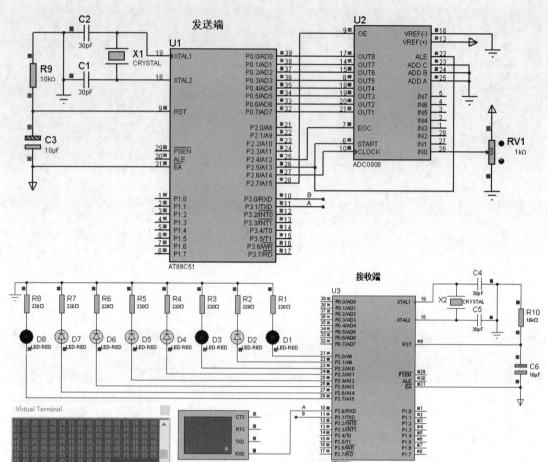

图 5.29　双机通信电路仿真

四、系统调试

1．硬件调试

硬件是系统的基础，只有硬件能够全部正常工作后才能在此基础上加载软件，从而实现系统功能。

电源部分提供整个电路所需的各种电压，因此，首先确定电源电压是否正确，其次确定单片机的电源引脚电压是否正确，然后确定是不是所有的接地引脚都接了地。如果单片机有内核电压的引脚，需测试内核电压是否正确。随后测量晶振有没有起振，一般晶振起振时两个引脚都会有 1V 左右的电压。接着检查复位电路是否正常。注意测量单片机的 ALE 引脚，看是否有脉冲波输出（51 单片机的 ALE 引脚信号为地址锁存信号，每个机器周期输出两个正脉冲），从而判断单片机是否工作。最后检查数码管是否完好或接好。

2．软件调试

如果检查硬件电路后确定没有问题却实现不了设计要求，则可能是软件编程的问题。首先应检查主程序，然后是分段程序，要注意逻辑顺序、调用关系，以及涉及的标号，有时会因为一个标号而影响程序的执行。除此之外，还要熟悉各指令的用法，以免出错。还有一个容易忽略的问题，即源程序生成的代码是否已输入单片机中，如果这一过程遗漏，那肯定不能实现设计要求。

3．软硬件联调

软件调试主要是在编写系统软件时涉及，一般使用 Keil 进行软件的编写和调试。编写软件时首先要分清软件应该分成哪些部分，不同的部分分开编写调试是最方便的。

在硬件调试和软件调试均正确的前提下，再进行软硬件联调。首先将调试好的软件通过下载器下载到单片机，然后上电查看运行结果。观察系统是否达到预期设计效果，如果未达到，先利用示波器观察单片机的时钟电路，看是否有信号，因为时钟电路是单片机工作的前提，所以一定要保证时钟电路正常。如果不能分析出是硬件问题还是软件问题，就重新检查软硬件及接线。一般情况下硬件问题可以通过万用表等工具检测出来，如果硬件没有问题，则必然是软件问题，就应该重新检查软件，重复上述过程，直至达到预期设计效果。

【任务总结与评价】

1．任务总结

通信是单片机最重要的功能之一，本任务以单片机的双机通信为例，对其软硬件的设计做了简单的介绍。通信系统主机由单片机最小系统、ADC0808 芯片等构成，从机由单片机最小系统、指示灯、示波器等构成。本任务分别设计了主从机的串行通信程序，实现了双机通信，且有关信息成功显示在示波器上。系统经仿真调试，双机通信得以实现，达到设计目标。

2．任务评价

本任务的考核评价体系如表 5.15 所示。

表 5.15　任务 5.3 考核评价体系

班　　级		项目任务			
姓　　名		教　　师			
学　　期		评分日期			
评分内容（满分 100 分）			学生自评	同学互评	教师评价
专业技能 （70 分）	理论知识（20 分）				
	硬件系统的搭建（10 分）				
	程序设计（10 分）				
	仿真实现（20 分）				
	任务汇报（10 分）				
综合素养 （30 分）	遵守现场操作的职业规范（10 分）				
	信息获取的能力（10 分）				
	团队合作精神（10 分）				
各项得分					
综合得分 （学生自评 30%、同学互评 30%、教师评价 40%）					

项目6

单片机的显示

06

【学习目标】

知识目标	1. 了解数码管、LED 点阵的结构及显示原理；
	2. 了解液晶显示器 LCD1602、LCD12864 的结构与引脚功能；
	3. 掌握单片机控制数码管、LED 点阵、LCD 的典型硬件电路；
	4. 掌握单片机控制数码管、LED 点阵、LCD 的硬件电路设计和软件编程方法；
	5. 掌握单片机控制数码管、LED 点阵、LCD 的软硬件调试及仿真方法。
能力目标	1. 熟练使用 Keil、Proteus 软件的基本功能；
	2. 能对单片机控制一位数码管显示数字进行基本的应用；
	3. 能对单片机控制一个 LED 点阵模块显示数字进行基本的应用；
	4. 能对单片机控制液晶屏 LCD1602 进行基本的应用；
	5. 能对模块化的程序段进行参数设置。
素质目标	1. 培养探索与实践的能力，践行"知行合一"的学习理念；
	2. 养成阅读电子产品说明书的习惯；
	3. 了解显示设备发展趋势，树立中国品牌意识，激发民族责任感；
	4. 具有良好的职业道德、职业责任感和不断学习的精神。

【项目导读】

　　显示设备是单片机应用系统中非常重要的输出设备，前面的项目中已介绍单个或多个 LED 的显示应用。本项目将介绍由 LED 制成的数码管、由 LED 组成的点阵屏、LCD（液晶显示器），分别设计 3 个任务，通过 3 个任务的知识学习、任务实施、总结评价等，帮助读者掌握相关知识和技能。本项目的知识导图如图 6.1 所示。

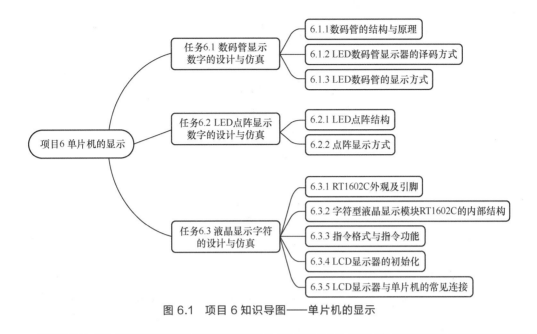

图 6.1　项目 6 知识导图——单片机的显示

任务 6.1　数码管显示数字的设计与仿真

【任务描述】

本任务要求利用 STC89C51 单片机的 I/O 接口控制数码管,使数码管显示阿拉伯数字。用 Keil、Proteus 等平台进行系统搭建、编程、仿真,实现数码管显示数字的功能。

【知识链接】

LED 数码管是一种由多个 LED 按数字形状排列而成的、可以显示数字和其他信息的电子设备。

6.1.1　数码管的结构与原理

通常在单片机应用系统中使用的是 8 段式 LED 数码管显示器,它有共阴极和共阳极两种结构,分别如图 6.2 和图 6.3 所示。

6.1.1

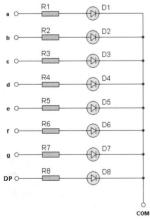

图 6.2　8 位 LED 共阴极结构

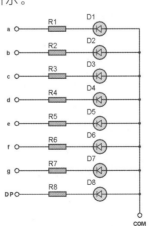

图 6.3　8 位 LED 共阳极结构

从结构可知，a、b、c、d、e、f、g加上DP，共8个管脚，输入不同的8位二进制编码，可显示不同的数字或字符。数码管管脚如图6.4所示。

图6.4 数码管管脚

LED数码管共阴极型和共阳极型的字段码互为反码，如表6.1所示。

表6.1 LED数码管共阴极与共阳极字段码

显示字符	共阴极字段码	共阳极字段码	显示字符	共阴极字段码	共阳极字段码
0	3FH	C0H	C	39H	C6H
1	06H	F9H	D	5EH	A1H
2	5BH	A4H	E	79H	86H
3	4FH	B0H	F	71H	8EH
4	66H	99H	P	73H	8CH
5	6DH	92H	U	3EH	C1H
6	7DH	82H	T	31H	CEH
7	07H	F8H	Y	6EH	91H
8	7FH	80H	L	38H	C7H
9	6FH	90H	8.	FFH	00H
A	77H	88H	……	……	……
B	7CH	83H	……	……	……

6.1.2 LED数码管显示器的译码方式

译码方式是指由显示字符转换得到对应的字段码的方式，主要有硬件译码和软件译码两种方式。硬件译码方式是指利用专门的硬件电路来实现显示字符到字段码的转换，这样的硬件电路有很多，比如CD4511就是一种常见的十进制BCD—共阴极7段数码管字段码转换芯片，它具有BCD转换、消隐和锁存控制功能，能提供较大的拉电流，可直接驱动共阴极LED数码管。软件译码方式就是通过编写软件译码程序来得到要显示字符的字段码，译码程序通常为查表程序，软件开销较大，但硬件线路简单，因而在实际系统中经常用到。

6.1.3 LED数码管的显示方式

LED数码管可分为静态显示和动态显示。LED静态显示时，其公共端直接接地（共阴极）或接电源（共阳极），各段选线分别与I/O接口线相连，要显示

6.1.3

字符，直接在 I/O 接口线送相应的字段码，如图 6.5 所示。

　　LED 动态显示时，将所有的数码管的段选线并联在一起，用一个 I/O 接口控制，公共端不是直接接地（共阴极）或接电源（共阳极），而是通过相应的 I/O 接口线控制。

　　设数码管为共阳极，它的工作过程（见图 6.6）为：第一步使右边第一个数码管的公共端 D0 为 1，其余的数码管的公共端为 0，同时在 I/O(1)上送右边第一个数码管的字段码，这时，只有右边第一个数码管显示，其余不显示；第二步使右边第二个数码管的公共端 D1 为 1，

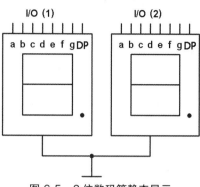

图 6.5　2 位数码管静态显示

其余的数码管的公共端为 0，同时在 I/O(1)上送右边第二个数码管的字段码，这时只有右边第二个数码管显示，其余不显示；以此类推，从右向左，直到左边第一个数码管显示完成。这样 4 个数码管轮流显示相应的信息，一轮循环完后，下一循环又这样轮流显示，从计算机的角度看是一个一个地显示，但由于人的视觉滞留，只要循环得足够快，看起来所有的数码管都是一起显示的，这就是动态显示的原理。循环周期对计算机来说很容易实现，所以在单片机中经常用到动态显示。

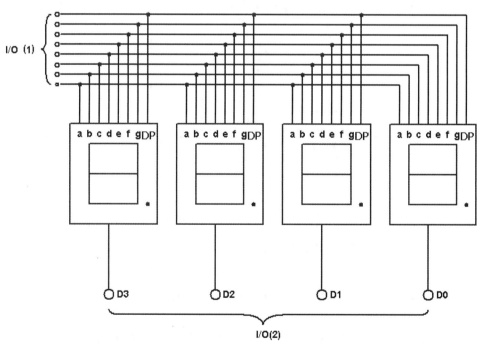

图 6.6　4 位 LED 动态显示

【任务实施】
一、总体方案设计

　　要实现单片机控制数码管显示数字的功能，主要涉及单片机最小系统、数码管组成的硬

件和必要的软件部分的设计。单片机控制数码管显示数字的方框图如图 6.7 所示。

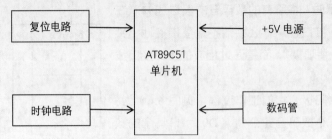

图 6.7 单片机控制数码管显示数字的方框图

二、硬件电路设计

由 AT89C51 单片机、时钟电路、复位电路构成一个基本的单片机系统，再由外部 P1 口和 P2.0 口的 I/O 引脚连接数码管组成显示部分。其原理如图 6.8 所示。

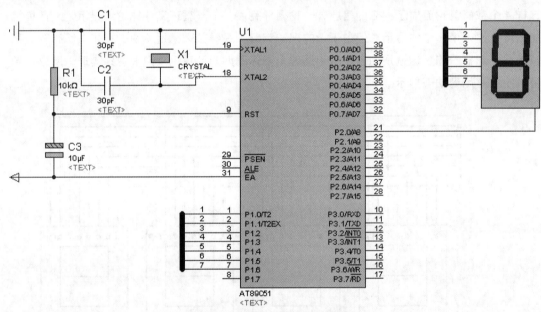

图 6.8 数码管显示数字电路原理

（1）复位电路可以提供"上电复位"。

（2）时钟电路以 12MHz 的频率向单片机提供振荡脉冲，保证单片机以规定的频率运行。

（3）$\overline{EA}$ 接 V_{CC}（高电平），表示选择使用从单片机内部 0000H ～ 0FFFH 到外部 1000H ～ FFFFH 这一区域的 ROM。

（4）数码管的 com 端口接单片机的 P2.0 口，数码管的 a ～ DP 端口接单片机的 P1 口。

三、软件设计

（1）数码管显示数字功能分析。我们以 8 段共阴极数码管为例，根据前述知识，共阴极数码管 com 段接低电平的情况下，阳极段接高电平即可点亮数码管。要显示数字，找出数字的字段码即可。

以显示十进制数 0 为例，每段数码管依次从 DP、g、f、e、d、c、b、a 排列，当 DP、g 两段为低电平，f、e、d、c、b、a 六段为高电平，各段用二进制数表示为 0011111B，用十六进制数表示时，即为字段码 3FH。以此类推，十进制数 1、2、3、4、5、6、7、8、9 的字段码分别为 06H、5BH、4FH、66H、6DH、7DH、07H、7FH、6FH。

（2）显示过程。用一位 I/O 口输出低电平控制 com 段，用一个 I/O 口输出字段码：

① 输出一个十进制数字的字段码；

② 延时一段时间；

③ 更换一个字段码；

④ 重复步骤①。

（3）程序设计与实现。软件译码动态显示的 C 程序如下。

```c
#include<reg51.h>
#include<absacc.h>                 //定义绝对地址访问
#define uchar unsigned char
#define uint unsigned int
sbit P2_0=P2^0;                    //位定义
void delay(uint);                  //声明延时函数
void display(void);                //声明显示函数
void main(void)
{
    P2_0=0;
    while(1)
    {
        display();                 //调用显示函数
    }
}
//***********延时函数***********
void delay(uint i)                 //定义延时函数
{
    uint j;
    for (j=0;j<i;j++){ }
}
//***********显示函数***********
void display(void)                 //定义显示函数
{
    uchar code[10]={0x3f,0x06,0x5b,0x4f,0x66,0x6d,0x7d,0x07,0x7f,0x6f}; //0 ~
9 的字段码表
    uchar i,temp;
    for (i=0;i<8;i++)
    {
        temp=code[i];              //查得显示数字的字段码
        P0=temp;                   //送出字段码
        delay(200);                //延时 1ms
    }
}
```

（4）利用 Proteus 仿真软件对系统进行电路仿真，如图 6.9 所示。

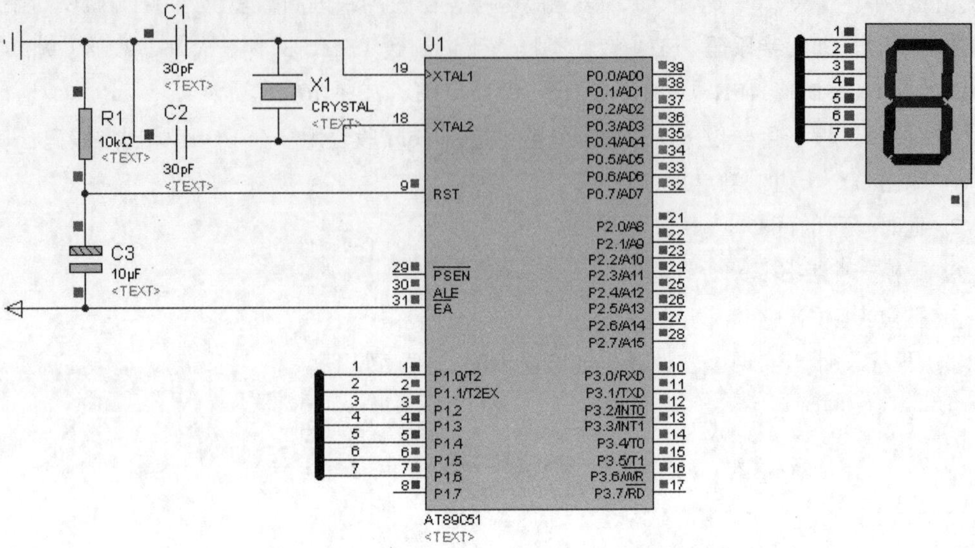

图 6.9　数码管显示数字电路仿真

四、系统调试

1. 硬件调试

硬件是系统的基础，只有硬件能够全部正常工作后才能在此基础上加载软件，从而实现系统功能。

电源部分提供整个电路所需的各种电压，因此，首先确定电源电压是否正确，其次确定单片机的电源引脚电压是否正确，然后确定是不是所有的接地引脚都接了地。如果单片机有内核电压的引脚，需测试内核电压是否正确。随后测量晶振有没有起振，一般晶振起振时两个引脚都会有 1V 左右的电压。接着检查复位电路是否正常。注意测量单片机的 ALE 引脚，看是否有脉冲波输出（51 单片机的 ALE 引脚信号为地址锁存信号，每个机器周期输出两个正脉冲），从而判断单片机是否工作。最后检查数码管是否完好或接好。

2. 软件调试

如果检查硬件电路后确定没有问题却实现不了设计要求，则可能是软件编程的问题。首先应检查主程序，然后是分段程序，要注意逻辑顺序、调用关系，以及涉及的标号，有时会因为一个标号而影响程序的执行。除此之外，还要熟悉各指令的用法，以免出错。还有一个容易忽略的问题，即源程序生成的代码是否已输入单片机中，如果这一过程遗漏，那肯定不能实现设计要求。

3. 软硬件联调

软件调试主要是在编写系统软件时涉及，一般使用 Keil 进行软件的编写和调试。编写软件时首先要分清软件应该分成哪些部分，不同的部分分开编写调试是最方便的。

在硬件调试和软件调试均正确的前提下，再进行软硬件联调。首先将调试好的软件通过下载器下载到单片机，然后上电查看运行结果。观察系统是否达到预期设计效果，如果未达到，先利用示波器观察单片机的时钟电路，看是否有信号，因为时钟电路是单片机工作的前提，所以一定要保证时钟电路正常。如果不能分析出是硬件问题还是软件问题，就重新检查软硬件及接线。一般情况下硬件问题可以通过万用表等工具检测出来，如果硬件没有问题，则必然是软件问题，就应该重新检查软件，重复上述过程，直至达到预期设计效果。

【任务总结与评价】

1. 任务总结

本任务在单片机的最小系统基础上，外接一位共阴极数码管，单片机 I/O 接口只需控制数码管的共阴极和字段码的变化，适当延时后，即可显示不同的十进制数字。初学者通过本任务可掌握数码管的工作原理及显示原理。单片机控制数码管具有操作便捷、程序简单、元器件少、易于修改和扩展的特点。

2. 任务评价

本任务的考核评价体系如表 6.2 所示。

表 6.2 任务 6.1 考核评价体系

班 级		项目任务			
姓 名		教 师			
学 期		评分日期			
评分内容（满分 100 分）		学生自评	同学互评	教师评价
专业技能 （70 分）	理论知识（20 分）			
	硬件系统的搭建（10 分）			
	程序设计（10 分）			
	仿真实现（20 分）			
	任务汇报（10 分）			
综合素养 （30 分）	遵守现场操作的职业规范（10 分）			
	信息获取的能力（10 分）			
	团队合作精神（10 分）			
各项得分				
综合得分 （学生自评 30%，同学互评 30%、教师评价 40%）				

任务 6.2 LED 点阵显示数字的设计与仿真

【任务描述】

本任务要求利用 AT89C51 单片机的 I/O 接口控制 LED 点阵模块，使 LED 点阵模块显示 1 位阿拉伯数字。用 Keil、Proteus 等平台进行系统搭建、编程、仿真，实现 LED 点阵模块显示阿拉伯数字 0~9 的功能。

【知识链接】

LED 电子显示屏是随着计算机及相关的微电子、光电子技术的迅猛发展而形成的一种新型信息显示媒介，利用 LED 构成的点阵模块或像素单元组成可变面积的显示屏幕，以可靠性高、使用寿命长、环境适应能力强、性价比高、成本低等特点，在信息显示领域得到了广泛的应用。LED 点阵电子显示屏是集微电子技术、计算机技术、信息处理技术于一体的大型显示屏系统，以其色彩鲜艳、动态范围广、亮度高、寿命长、稳定可靠等优点成为众多显示媒体及户外作业显示的理想选择，同时广泛应用到了军事、体育、新闻、金融、广告，以及交通运输等许多行业。

6.2.1 LED 点阵结构

LED 点阵显示屏由高亮度 LED 芯阵列组合后，以环氧树脂和塑模封装而成，具有亮度高、功耗低、引脚少、视角大、寿命长、耐湿、耐冷热、耐腐蚀等特点。

LED 电子显示屏由几万到几十万个半导体 LED 均匀排列组成。利用不同的材料可以制造不同色彩的 LED。目前应用最广的是红色、绿色、黄色，而蓝色和纯绿色 LED 的开发已经达到了实用阶段。LED 点阵显示器单块使用时，既可代替数码管显示数字，也可显示各种文字及符号。如 5×7 点阵显示器用于显示西文字母，5×8 点阵显示器用于显示中西文，8×8 点阵用于显示中文文字和显示图形。用多块点阵显示器组合则可构成大屏幕显示器，但这类实用装置常通过微机或单片机控制驱动。

图 6.10 所示为 8×8 点阵结构，可以看出 8×8 点阵共需要 64 个 LED，每个 LED 都是放置在各行和列的交叉点上。当对应的某一行置高电平、某一列置低电平时，则位于该行和列交叉点上的 LED 被点亮。

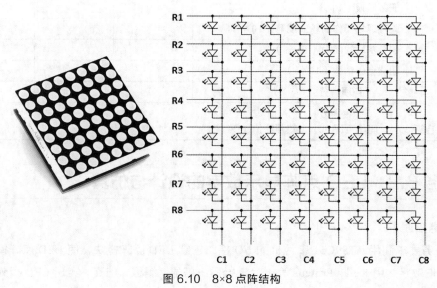

图 6.10 8×8 点阵结构

6.2.2　点阵显示方式

显示屏按照显示控制的要求以一定的格式显示数据。对于只控制通断的图文显示屏，每个 LED 发光器件占据数据中的 1 位（1bit），若需要某 LED 发光器件发光，则在数据中相应的位填 1，否则填 0。这样根据所需显示的图形、文字，在显示屏的各行各列逐点填写显示数据，就可以构成显示数据文件。显示图形的数据文件，其格式相对自由，能够满足显示控制的要求即可。

6.2.2

文字的点阵格式比较规范，可以采用现行计算机通用的字库字模组成字的点阵，其大小也可以有 16×16、24×24、32×32、48×48 等不同规格。用点阵方式构成图形或文字是非常灵活的，可以根据需要任意组合和变化，只要设计好合适的数据文件，就可以得到满意的显示效果。因而采用点阵式图文显示屏显示经常需要变化的信息是非常有效的。

LED 点阵要用能把点阵点亮的万用表测量，大多数的数字万用表可以点亮 LED 点阵，只是非常暗淡：用两只 1.5V 电池的指针万用表可以把 LED 点阵点得很亮，只用一个 1.5V 电池的指针万用表不能点亮 LED 点阵。也可以用数字表中的二极管档直接测 PN 结压降，通常正向时，PN 结压降会有显示，此时 LED 点阵可能会被点亮；反向时，PN 结压降基本上是无穷大，此时 LED 点阵不会被点亮。8×8 点阵正面外观如图 6.11（a）所示，8×8 点阵反面引脚，如图 6.11（b）所示。

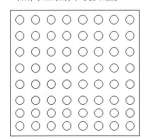

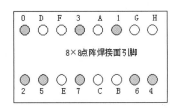

（a）8×8 点阵正面外观　　　　（b）8×8 点阵反面引脚

图 6.11　8×8 点阵外观及引脚

点阵 LED 一般采用扫描式显示，实际运用分为 3 种方式：点扫描、行扫描和列扫描。若使用第一种方式，其扫描频率必须大于 16×64=1024（Hz），周期小于 1ms 即可。若使用后两种方式，则频率必须大于 16×8=128（Hz），周期小于 7.8ms 即可符合视觉暂留要求。此外一次驱动一列或一行时需外加驱动电路提高电流，否则 LED 会亮度不足。

【任务实施】

一、总体方案设计

要实现单片机控制 LED 点阵显示数字的功能，主要涉及单片机最小系统、驱动模块和 LED 点阵模块组成的硬件及必要的软件部分的设计。单片机控制 LED 点阵显示数字的方框图如图 6.12 所示。

任务 6.2　任务
实施

二、硬件电路设计

由 AT89C51 单片机、时钟电路、复位电路构成一个基本的单片机系统，单片机的外部 P0 口连接到驱动芯片 74LS245 的 A0～A7 口，单片机的外部 P3 口连接到 LED

点阵的列接口，74LS245 芯片的输出连接到 LED 点阵的行接口。其原理如图 6.13 所示。

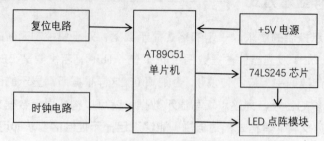

图 6.12　单片机控制 LED 点阵显示数字的方框图

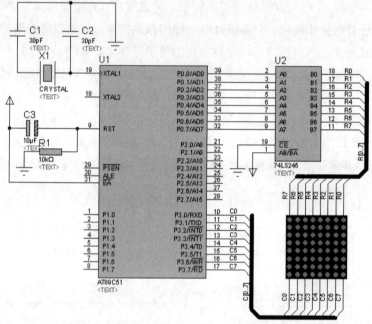

图 6.13　LED 点阵显示 1 位数字的电路原理

（1）复位电路可以提供"上电复位"。

（2）时钟电路以 12MHz 的频率向单片机提供振荡脉冲，保证单片机以规定的频率运行。

（3）$\overline{EA}$ 接 V_{CC}（高电平），表示选择使用从单片机内部 0000H ~ 0FFFH 到外部 1000H ~ FFFFH 这一区域的 ROM。

（4）单片机的 P0 口输出数据至 74LS245 芯片，74LS245 芯片驱动 LED 点阵模块的行引脚，单片机的 P3 口扫描 LED 点阵模块的列引脚。

三、软件设计

（1）计数器初值计算。

计算公式：

$$T_C = M - (T \times f_{osc})/12$$

式中，T_C 为定时器初值；T 为定时时间；f_{osc} 为时钟频率；M 为计数器的模值，该值和计数器的工作方式有关，方式 0 时 M 为 2^{13}，方式 1 时 M 为 2^{16}，方式 2 和方式 3 时 M 为 2^8。

如时钟频率为 f_{osc} = 12MHz，计数器工作于方式 0，定时时间 T = 100μs，则 $T_C = 2^{13} - 100 \times 10^{-6} \times 12 \times 10^6/12 = 8092$。

（2）数字 0～9 点阵显示代码的形成。

假设显示数字 0，形成的列代码为 0：0x00,0x00,0x3e,0x41,0x41,0x41,0x3e,0x00。只要把代码传送到相应的列线上，即可显示数字 0。传送第一列数据代码到 P3 口上，同时置第一行为 0，其他行为 1，延时 2ms；传送第二列数据代码到 P3 口上，同时置第二行为 0，其他行为 1，延时 2ms……如此直到送完最后一列数据代码，又从头开始传送。图 6.14 所示为数字 0～9 代码建立图。

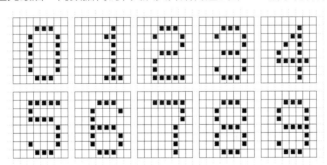

图 6.14　0～9 代码建立图

数字 0～9 显示代码如下。

0：0x00, 0x00, 0x3e, 0x41, 0x41, 0x41, 0x3e, 0x00。

1：0x00, 0x00, 0x00, 0x00, 0x21, 0x7f , 0x01, 0x00。

2：0x00, 0x00, 0x27, 0x45, 0x45, 0x45, 0x39, 0x00。

3：0x00, 0x00, 0x22, 0x49, 0x49, 0x49, 0x36, 0x00。

4：0x00, 0x00, 0x0c, 0x14, 0x24, 0x7f, 0x04, 0x00。

5：0x00, 0x00, 0x72, 0x51, 0x51, 0x51, 0x4e, 0x00。

6：0x00, 0x00, 0x3e, 0x49, 0x49, 0x49, 0x26, 0x00。

7：0x00, 0x00, 0x40, 0x40, 0x40, 0x4f , 0x70, 0x00。

8：0x00, 0x00, 0x36, 0x49, 0x49, 0x49, 0x36, 0x00。

9：0x00, 0x00, 0x32, 0x49, 0x49, 0x49, 0x3e, 0x00。

（3）程序设计与实现。

C 程序参考代码如下。

```
#include <reg52.h>
#include <intrins.h>
#define uchar unsigned char
#define uint unsigned int
uchar code Table_ OF_Digits[]=
{
  0x00, 0x00, 0x3e, 0x41, 0x41, 0x41, 0x3e, 0x00,
  0x00, 0x00, 0x00, 0x00, 0x21, 0x7f, 0x01, 0x00,
  0x00, 0x00, 0x27, 0x45, 0x45, 0x45, 0x39, 0x00,
  0x00, 0x00, 0x22, 0x49, 0x49, 0x49, 0x36, 0x00,
  0x00, 0x00, 0x0c, 0x14, 0x24, 0x7f, 0x04, 0x00,
  0x00, 0x00, 0x72, 0x51, 0x51, 0x51, 0x4e, 0x00,
```

```
    0x00, 0x00, 0x3e, 0x49, 0x49, 0x49, 0x26, 0x00,
    0x00, 0x00, 0x40, 0x40, 0x40, 0x4f, 0x70, 0x00,
    0x00, 0x00, 0x36, 0x49, 0x49, 0x49, 0x36, 0x00,
    0x00, 0x00, 0x32, 0x49, 0x49, 0x49, 0x3e, 0x00,
};
uchar i=0,t=0, Num_Index=0;
void main()
{
    P3=0x80;
    Num_Index =0; TMOD=0x00;
    TH0=(8192-2000)/32;
    TL0 =(8192-2000)%32;
    TR0=1; IE =0x82;
    while(1);
}
void LED_Screen_Dispiay() interrupt 1
{
    TH0=(8192-2000)/32;
    TL0 =(8192-2000)%32;
    P3= _crol_(P3,1);
    P0=~Table_OF_Digits(Num_Index *8 +1);
    if(++i == 8) i = 0;
    if(++t== 250)
    {
        t=0x00;
        if(++Num_index == 10) Num_index =0;
    }
}
```

（4）利用 Proteus 仿真软件对系统进行电路仿真，如图 6.15 所示。

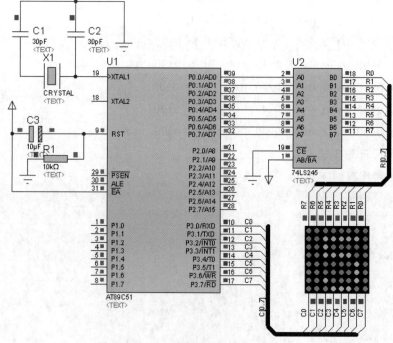

图 6.15　LED 点阵显示数字的电路仿真

四、系统调试

1. 硬件调试

硬件是系统的基础，只有硬件能够全部正常工作后才能在此基础上加载软件，从而实现系统功能。

电源部分提供整个电路所需的各种电压，因此，首先确定电源电压是否正确，其次确定单片机的电源引脚电压是否正确，然后确定是不是所有的接地引脚都接了地。如果单片机有内核电压的引脚，需测试内核电压是否正确。随后测量晶振有没有起振，一般晶振起振时两个引脚都会有 1V 左右的电压。接着检查复位电路是否正常。注意测量单片机的 ALE 引脚，看是否有脉冲波输出（51 单片机的 ALE 引脚信号为地址锁存信号，每个机器周期输出两个正脉冲），从而判断单片机是否工作。最后检查数码管是否完好或接好。

2. 软件调试

如果检查硬件电路后确定没有问题却实现不了设计要求，则可能是软件编程的问题。首先应检查主程序，然后是分段程序，要注意逻辑顺序、调用关系，以及涉及的标号，有时会因为一个标号而影响程序的执行。除此之外，还要熟悉各指令的用法，以免出错。还有一个容易忽略的问题，即源程序生成的代码是否已输入单片机中，如果这一过程遗漏，那肯定不能实现设计要求。

3. 软硬件联调

软件调试主要是在编写系统软件时涉及，一般使用 Keil 进行软件的编写和调试。编写软件时首先要分清软件应该分成哪些部分，不同的部分分开编写调试是最方便的。

在硬件调试和软件调试均正确的前提下，再进行软硬件联调。首先将调试好的软件通过下载器下载到单片机，然后上电查看运行结果。观察系统是否达到预期设计效果，如果未达到，先利用示波器观察单片机的时钟电路，看是否有信号，因为时钟电路是单片机工作的前提，所以一定要保证时钟电路正常。如果不能分析出是硬件问题还是软件问题，就重新检查软硬件及接线。一般情况下硬件问题可以通过万用表等工具检测出来，如果硬件没有问题，则必然是软件问题，就应该重新检查软件，重复上述过程，直至达到预期设计效果。

【任务总结与评价】

1. 任务总结

本任务在单片机最小系统基础上，通过 74LS245 芯片进行电流驱动，使外接的 1 位 8×8 共 64 个 LED 的点阵模块，在 74LS245 输出的数据和单片机 P3 口的列扫描信息共同控制下显示阿拉伯数字 0 ~ 9。初学者通过本任务可掌握 LED 点阵的工作原理及显示原理。使用单片机控制 LED 点阵模块显示信息，具有程序简单、元器件少、易于修改且扩展性强的特点。

2. 任务评价

本任务的考核评价体系如表 6.3 所示。

表 6.3 任务 6.2 考核评价体系

班　级		项目任务			
姓　名		教　师			
学　期		评分日期			
评分内容（满分 100 分）			学生自评	同学互评	教师评价
专业技能 （70 分）	理论知识（20 分）				
	硬件系统的搭建（10 分）				
	程序设计（10 分）				
	仿真实现（20 分）				
	任务汇报（10 分）				
综合素养 （30 分）	遵守现场操作的职业规范（10 分）				
	信息获取的能力（10 分）				
	团队合作精神（10 分）				
各项得分					
综合得分 （学生自评 30%、同学互评 30%、教师评价 40%）					

任务 6.3 液晶显示字符的设计与仿真

【任务描述】

目前，液晶显示是一种很重要的显示方式，可以实现数字、字符、图片等信息的显示。本任务要求利用 AT89C51 单片机、RT1602C 字符型液晶显示模块，在 Keil、Proteus 等开发平台进行系统搭建、编程、仿真，实现单片机控制 RT1602C 模块显示字符串。

【知识链接】

液晶显示器（Liquid Crystal Display，LCD）利用液晶经过处理后能改变光线的传输方向的特性实现信息显示。液晶显示器按其功能可分为 3 类：笔段式液晶显示器、字符点阵式液晶显示器和图形点阵式液晶显示器。前两种可显示数字、英文字母和符号等，而图形点阵式液晶显示器还可以显示汉字和任意图形，达到图文并茂的效果。目前市面上常用的有 16 字×1 行、16 字×2 行、20 字×2 行和 128 字×64 行等字符型液晶显示模块。这些液晶显示模块虽然可显示的字数各不相同，但是具有相同的输入输出界面。

本任务以 16 字×2 行字符型液晶显示模块 RT1602C 为例，详细介绍字符型液晶显示模块的应用。

6.3.1 RT1602C 外观及引脚

字符型液晶显示模块 RT1602C 的外观如图 6.16 所示。

RT1602C 采用标准的 16 脚接口，各引脚情况如下。

第 1 脚：V_{SS}，电源地。

第 2 脚：V_{DD}，+5V 电源。

第 3 脚：VL，液晶显示偏压信号。

第 4 脚：RS，数据/指令选择端，高电平时选择数据寄存器、低电平时选择指令寄存器。

第 5 脚：R/W，读/写选择端，高电平时进行读操作，低电平时进行写操作。当 RS 和 R/W 共同为低电平时可以写入指令或者显示地址，当 RS 为低电平、R/W 为高电平时可以读取信号，当 RS 为高电平、R/W 为低电平时可以写入数据。

第 6 脚：E，使能端，当 E 端由高电平跳变成低电平时，液晶模块执行命令。

第 7～14 脚：D0～D7，为 8 位双向数据线。

第 15 脚：BLA，背光源正极。

第 16 脚：BLK，背光源负极。

图 6.16　RT1602C 的外观

6.3.2　字符型液晶显示模块 RT1602C 的内部结构

液晶显示模块 RTC1602C 的内部结构可以分成 3 部分：控制器、驱动器和显示器，如图 6.17 所示。

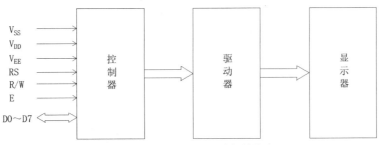

图 6.17　RT1602C 内部结构

控制器采用 HD44780，驱动器采用 HD44100。HD44780 集控制器、驱动器于一体，专用于字符显示控制驱动集成电路。HD44100 是作扩展显示字符位的。HD44780 是字符型液晶显示控制器的代表电路。

HD44780 集成电路的特点如下。

（1）HD44780 可选择 5×7 或 5×10 点字符。

（2）HD44780 不仅可作为控制器，还具有驱动 40×16 点阵液晶像素的能力，并且可通过外接驱动器扩展 360 列驱动。HD44780 可控制的字符高达每行 80 个字，也就是 5×80=400（点），HD44780 内藏 16 路行驱动器和 40 路列驱动器，所以 HD44780 本身就具有驱动 16×40 点阵 LCD 的能力（即单行 16 个字符或两行 8 个字符）。如果在外部加一个 HD44100 扩展多 40 路列驱动，则可驱动 2 行 16 列的 RT1602C。

（3）HD44780 的显示缓冲区 DDRAM、字符发生存储器 ROM 及用户自定义的字符发生器 CGRAM 全部内嵌在芯片内。HD44780 有 80 字节的显示缓冲区，分两行，地址分别为 00H～27H、40H～67H，它实际显示位置的排列顺序跟 LCD 的型号有关。液晶显示模块 RT1602C 的显示地址与实际显示位置的关系如图 6.18 所示。

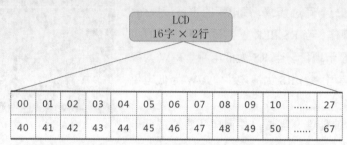

图 6.18　RT1602C 的显示地址与实际显示位置的关系

HD44780 内的字符发生存储器 ROM 已经存储了许多不同的点阵字符图形，如图 6.19 所示。

图 6.19　字符发生存储器存储的点阵字符图形

这些字符有阿拉伯数字、大小写英文字母、常用的符号和日文字符等，每一个字符都有一个固定的代码。比如数字 1 的代码是 00110001B（31H）；又如大写的英文字母 A 的代码是 01000001B（41H），可以看出英文字母的代码与 ASCII 相同。要显示 1 时，我们只需将 31H 存入 DDRAM 指定位置，显示模块将在相应的位置把数字 1 的点阵字符图形显示出来，我们就能看到数字 1 了。

（4）HD44780 具有 8 位数据和 4 位数据传输两种方式，可与 4/8 位 CPU 相连。

（5）HD44780 具有简单而功能较强的指令集，可实现字符移动、闪烁等显示功能。

6.3.3　指令格式与指令功能

LCD 控制器 HD44780 内有多个寄存器，通过 RS 和 R/W 引脚共同决定选择哪一个寄存器，选择情况如表 6.4 所示。

表 6.4　LCD 控制器 HD44780 寄存器选择

RS	R/W	寄存器及操作
0	0	指令寄存器写入
0	1	忙标志和地址计数器读出
1	0	数据寄存器写入
1	1	数据寄存器读出

总共有 11 条指令，它们的格式和功能如下。

（1）清屏指令

清屏指令如表 6.5 所示。

表 6.5　清屏指令

RS	R/W	D7	D6	D5	D4	D3	D2	D1	D0
0	0	0	0	0	0	0	0	0	1

功能：清除屏幕，将显示缓冲区 DDRAM 的内容全部写入空格（ASCII20H）；光标复位，回到显示器的左上角；地址计数器 AC 清零。

（2）光标复位指令

光标复位指令如表 6.6 所示。

表 6.6　光标复位指令

RS	R/W	D7	D6	D5	D4	D3	D2	D1	D0
0	0	0	0	0	0	0	0	1	0

功能：光标复位，回到显示器的左上角。地址计数器 AC 清零。显示缓冲区 DDRAM 的内容不变。

（3）输入方式设置指令

输入方式设置指令如表 6.7 所示。

表 6.7　输入方式设置指令

RS	R/W	D7	D6	D5	D4	D3	D2	D1	D0
0	0	0	0	0	0	0	1	I/D	S

功能：设定当写入一个字节后，光标的移动方向及后面的内容是否移动。当 I/D=1 时，光标从左向右移动；I/D=0 时，光标从右向左移动。当 S=1 时，内容移动；S=0 时，内容不移动。

（4）显示开关控制指令

显示开关控制指令如表 6.8 所示。

表 6.8　显示开关控制指令

RS	R/W	D7	D6	D5	D4	D3	D2	D1	D0
0	0	0	0	0	0	1	D	C	B

功能：控制显示的开关，当 D=1 时显示，D=0 时不显示；控制光标开关，当 C=1 时光标显示，C=0 时光标不显示；控制字符是否闪烁，当 B=1 时字符闪烁，B=0 时字符不闪烁。

（5）光标移位指令

光标移位指令如表 6.9 所示。

表 6.9　光标移位指令

RS	R/W	D7	D6	D5	D4	D3	D2	D1	D0
0	0	0	0	0	1	S/C	R/L	*	*

功能：移动光标或整个显示字幕移位。当 S/C=1 时整个显示字幕移位，当 S/C=0 时只光标移位。当 R/L=1 时光标右移，R/L=0 时光标左移。

（6）功能设置指令

功能设置指令如表 6.10 所示。

表 6.10　功能设置指令

RS	R/W	D7	D6	D5	D4	D3	D2	D1	D0
0	0	0	0	1	DL	N	F	*	*

功能：设置数据位数，当 DL=1 时数据位为 8 位，DL=0 时数据位为 4 位；设置显示行数，当 N=1 时双行显示，N=0 时单行显示；设置字形大小，当 F=1 时 5×10 点阵，F=0 时为 5×7 点阵。

（7）字库 CGRAM 地址设置指令

字库 CGRAM 地址设置指令如表 6.11 所示。

表 6.11　字库 CGRAM 地址设置指令

RS	R/W	D7	D6	D5	D4	D3	D2	D1	D0
0	0	0	1	CGRAM 的地址					

功能：设置用户自定义 CGRAM 的地址，对用户自定义 CGRAM 访问时，要先设定 CGRAM 的地址，地址范围为 0 ~ 63。

（8）显示缓冲区 DDRAM 地址设置指令

显示缓冲区 DDRAM 地址设置指令如表 6.12 所示。

表 6.12 显示缓冲区 DDRAM 地址设置指令

RS	R/W	D7	D6	D5	D4	D3	D2	D1	D0
0	0	0	DDRAM 的地址						

功能：设置当前显示缓冲区 DDRAM 的地址，对 DDRAM 访问时，要先设定 DDRAM 的地址，地址范围为 0 ~ 127。

（9）读忙标志及地址计数器 AC 指令

读忙标志及地址计数器 AC 指令如表 6.13 所示。

表 6.13 读忙标志及地址计数器 AC 指令

RS	R/W	D7	D6	D5	D4	D3	D2	D1	D0
0	1	BF	AC 的值						

功能：读忙标志及地址计数器 AC，当 BF=1 时则表示忙，这时不能接收指令和数据；BF=0 时表示不忙。低 7 位为读出的 AC 的地址，值为 0 ~ 127。

（10）写 DDRAM 或 CGRAM 指令

写 DDRAM 或 CGRAM 指令如表 6.14 所示。

表 6.14 写 DDRAM 或 CGRAM 指令

RS	R/W	D7	D6	D5	D4	D3	D2	D1	D0
1	0	写入的数据							

功能：向 DDRAM 或 CGRAM 当前位置中写入数据。对 DDRAM 或 CGRAM 写入数据之前需设定 DDRAM 或 CGRAM 的地址。

（11）读 DDRAM 或 CGRAM 指令

读 DDRAM 或 CGRAM 指令如表 6.15 所示。

表 6.15 读 DDRAM 或 CGRAM 指令

RS	R/W	D7	D6	D5	D4	D3	D2	D1	D0
1	1	读出的数据							

功能：从 DDRAM 或 CGRAM 当前位置中读出数据。在 DDRAM 或 CGRAM 读出数据前，需设定 DDRAM 或 CGRAM 的地址。

6.3.4 LCD 显示器的初始化

使用 LCD 之前需对它进行初始化，初始化可通过复位完成，也可在复位后完成。初始化过程如下：第一步——清屏；第二步——功能设置；第三步——开/关显示设置；第四步——

输入方式设置。

6.3.5 LCD显示器与单片机的常见连接

图 6.20 是 RT1602C 与 8051 单片机的连接示意，图中 RT1602C 的数据线与 8051 的 P1口相连，RS 与 8051 的 P2.0 相连，R/W 与 8051 的 P2.1 相连，E 端与 8051 的 P2.7 相连。编程在 LCD 显示器的第 1 行、第 1 列开始显示"college student"，第 2 行、第 6 列开始显示"how are you!"。

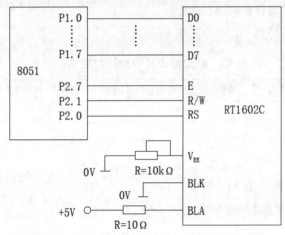

图 6.20　RT1602C 与 8051 单片机的连接示意

【任务实施】

一、总体方案设计

要实现单片机与 RT1602C 连接显示字符串的功能，主要涉及单片机最小系统、RT1602C 液晶显示模块组成的硬件和必要的软件部分的设计。单片机控制 RT1602C 液晶显示字符串的方框图如图 6.21 所示。

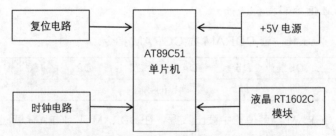

图 6.21　单片机控制 RT1602C 液晶显示字符串的方框图

二、硬件电路设计

由 AT89C51 单片机、时钟电路、复位电路构成一个基本的单片机系统，再由单片机的外部 P2 口和 P1 口的 P1.5、P1.6、P1.7 引脚连接 RT1602C 的相应引脚组成显示部分。其原理如图 6.22 所示。

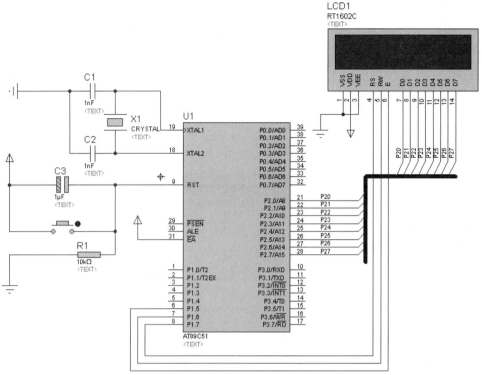

图 6.22　AT89C51 连接 RT1602C 的相应引脚

（1）复位电路可以提供"上电复位"。

（2）时钟电路以 12MHz 的频率向单片机提供振荡脉冲，保证单片机以规定的频率运行。

（3）$\overline{EA}$ 接 V_{CC}（高电平），表示选择使用从单片机内部 0000H～0FFFH 到外部 1000H～FFFFH 这一区域的 ROM。

（4）RT1602C 的 RS、R/W、E 这 3 个引脚分别连接单片机的 P1.5、P1.6、P1.7 引脚，RT1602C 的数据接口 D0～D7 连接单片机的 P2 口。

三、软件设计

（1）显示过程。

液晶显示的关键在编程部分。其基本思路如下：首先，编写 LCD 基本接口时序操作函数，包括写命令函数 lcd_w_cmd()、写数据函数 lcd_w_dat()、读状态函数 lcd_r_start()；其次，初始化函数 lcd_init()；再次，按照任务要求定位光标，即调用函数 lcd_w_cmd()，设置 DDRAM 地址指针到第 1 行第 4 列；最后，依次调用函数 lcd_w_dat()，分别将多个字符的显示码写入 DDRAM 实现字符串的显示。

（2）程序设计与实现。

C 语言源程序代码参考如下。

```
#include <reg51.h>
#include <string.h>
#define uchar unsigned char
sbit RS=P1^7;
```

```
sbit RW=P1^6;
uchar str0[]=("college student");  //第1行显示内容
sbit E=P1^5;
uchar strl[]={ "how are you!"};  //第2行显示内容
void init(void);
void wc51r(uchar i);
void wc51ddr(uchar i);
void lcd1602wstr(uchar hang,uchar lie,uchar length,uchar *str);
void fbusy(void);
void main()   //主函数
{
 SP=0x50;
 init();      //第1行第2列开始显示HOM
 lcd1602wstr(0,1,strlen(str0),str0);     //第2行第3列开始显示AR2
 lcd1602wstr(1,3,strlen(strl),strl);
 while(1);
}
//初始化函数
void init()
{
 wc51r(0x38); //使用8位数据，显示两行，使用5x7的字形
 wc51r(0x0c); //显示器开，光标关，字符不闪烁
 wc51r(0x06); //字符不动，光标自动右移一格
 wc51r(0x01); //清屏
}
//检查忙函数
void fbusy()
{
 P2=0Xff;RS=0;RW=1; E=0; E=1;
 while (P2&0x80){E=0;E=1;} //忙，等待
}
//写命令函数
void wc51r(uchar j)
{
 fbusy();
 E=0;RS=0;RW=0; E=1; P2=j; E=0;
}
//写数据函数
void wc51ddr(uchar j)
{
 fbusy();
 E=0;RS=1;RW=0; E=1; P2=j; E=0;
}
/*字符串显示函数入口参数: hang——行号; lie——列号; length——字符串长度; *str——字符串*/
void lcd1602wstr (uchar hang,uchar lie,uchar length,uchar *str)
{
 uchar i;
 wc51r(0x80+0x40*hang+lie);
 for (i=0;i<length;i++){wc51ddr(*str);str++;}
}
```

（3）利用 Proteus 仿真软件对系统进行电路仿真，如图 6.23 所示。

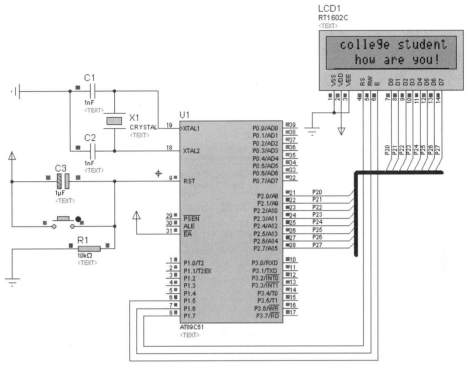

图 6.23　AT89C5 连接 RT1602C 显示字符串的电路仿真

四、系统调试

1. 硬件调试

硬件是系统的基础，只有硬件能够全部正常工作后才能在此基础上加载软件，从而实现系统功能。

电源部分提供整个电路所需的各种电压，因此，首先确定电源电压是否正确，其次确定单片机的电源引脚电压是否正确，然后确定是不是所有的接地引脚都接了地。如果单片机有内核电压的引脚，需测试内核电压是否正确。随后测量晶振有没有起振，一般晶振起振时两个引脚都会有 1V 左右的电压。接着检查复位电路是否正常。注意测量单片机的 ALE 引脚，看是否有脉冲波输出（51 单片机的 ALE 引脚信号为地址锁存信号，每个机器周期输出两个正脉冲），从而判断单片机是否工作。最后检查数码管是否完好或接好。

2. 软件调试

如果检查硬件电路后确定没有问题却实现不了设计要求，则可能是软件编程的问题。首先应检查主程序，然后是分段程序，要注意逻辑顺序、调用关系，以及涉及的标号，有时会因为一个标号而影响程序的执行。除此之外，还要熟悉各指令的用法，以免出错。还有一个容易忽略的问题，即源程序生成的代码是否已输入单片机中，如果这一过程遗漏，那肯定不能实现设计要求。

3. 软硬件联调

软件调试主要是在编写系统软件时涉及，一般使用 Keil 进行软件的编写和调试。编写软件时首先要分清软件应该分成哪些部分，不同的部分分开编写调试是最方便的。

在硬件调试和软件调试均正确的前提下，再进行软硬件联调。首先将调试好的软件通过下载器下载到单片机，然后上电查看运行结果。观察系统是否达到预期设计效果，如果未达到，先利用示波器观察单片机的时钟电路，看是否有信号，因为时钟电路是单片机工作的前提，所以一定要保证时钟电路正常。如果不能分析出是硬件问题还是软件问题，就重新检查软硬件及接线。一般情况下硬件问题可以通过万用表等工具检测出来，如果硬件没有问题，则必然是软件问题，就应该重新检查软件，重复上述过程，直至达到预期设计效果。

【任务总结与评价】

1. 任务总结

本任务在单片机最小系统基础上，根据 P2 口及 P1.5、P1.6、P1.7 口控制 RT1602C 模块，使该模块显示 2 行 16 列字符。初学者通过本任务可掌握液晶显示的工作原理及典型程序代码段。使用单片机控制液晶实现显示功能，具有使用便捷、程序简单、元器件少、易于修改和扩展的特点。

2. 任务评价

本任务的考核评价体系如表 6.16 所示。

表 6.16 任务 6.3 考核评价体系

班　　级		项目任务			
姓　　名		教　　师			
学　　期		评分日期			
评分内容（满分 100 分）			学生自评	同学互评	教师评价
专业技能 （70 分）	理论知识（20 分）				
	硬件系统的搭建（10 分）				
	程序设计（10 分）				
	仿真实现（20 分）				
	任务汇报（10 分）				
综合素养 （30 分）	遵守现场操作的职业规范（10 分）				
	信息获取的能力（10 分）				
	团队合作精神（10 分）				
各项得分					
综合得分 （学生自评 30%，同学互评 30%、教师评价 40%）					

项目7
单片机的按键

07

【学习目标】

知识目标	1. 了解机械按键的工作原理及相关的抖动问题； 2. 掌握独立式键盘与单片机的接口电路； 3. 理解矩阵按键的工作原理及工作方式； 4. 理解矩阵按键的常见 C 程序代码段； 5. 掌握矩阵按键与单片机的软硬件调试及仿真方法。
能力目标	1. 能对独立按键输入单片机的电路进行设计； 2. 能对独立按键输入单片机的软件进行编程、仿真； 3. 能对矩阵按键输入单片机的电路进行设计； 4. 能对矩阵按键输入单片机的典型 C 程序代码进行编程、仿真； 5. 能用按键装置作为单片机系统的输入部件进行相关系统的设计与仿真。
素质目标	1. 培养社会责任感，努力用自己的才能服务社会； 2. 具有良好的职业道德、职业责任感和不断学习的精神； 3. 通过不断尝试，培养积极进取，开拓创新的品质； 4. 以积极的态度对待训练任务，具有团队交流和协作能力。

【项目导读】

　　单片机作为计算机的一类，同样有输入输出（I/O）系统。按键是计算机系统外设常见的输入设备。在单片机系统中，按键数目一般比较少，常采用独立按键方式或矩阵按键方式实现系统输入功能。本项目首先介绍机械按键相关知识，再分析按键与单片机接口的连接，最后通过典型程序代码段展示单片机按键功能。本项目的知识导图如图7.1 所示。

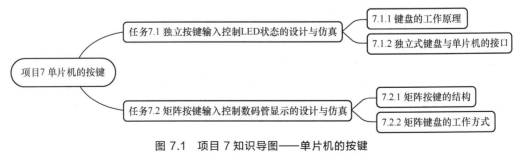

图 7.1　项目 7 知识导图——单片机的按键

任务 7.1　独立按键输入控制 LED 状态的设计与仿真

【任务描述】

本任务要求利用 AT89C51 单片机的 I/O 接口连接 4 个独立按键和 4 位 LED，使独立按键动作被 LED 的状态反映出来。用 Keil、Proteus 等开发平台进行系统搭建、编程、仿真，实现独立按键控制 LED 亮灭状态的功能。

【知识链接】

键盘是单片机应用系统中常用的输入设备。在单片机应用系统中，操作人员一般都是通过键盘向单片机系统输入指令、地址、数据，实现简单的人机交互。

7.1.1　键盘的工作原理

键盘实际上是一组按键开关的集合，平时按键开关总是处于断开状态，当按下键时它才闭合。按键开关结构和按键产生的波形如图 7.2 和图 7.3 所示。

7.1.1

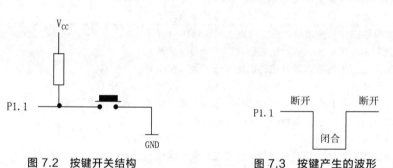

图 7.2　按键开关结构　　　　　　　　图 7.3　按键产生的波形

1. 按键的识别

当按键未按下时，开关处于断开状态，向 P1.1 输入高电平；当按键按下时，开关处于闭合状态，向 P1.1 输入低电平。因此，可通过读入 P1.1 的高低电平状态来判断按键是否按下。

2. 按键的消抖

在单片机应用系统中，通常按键开关为机械式开关，由于机械触点的弹性作用，按键开关在闭合时往往不会马上稳定地接通，断开时也不会马上断开，因而在闭合和断开的瞬间都会伴随着一串抖动，其波形如图 7.4 所示。按下键时产生的抖动称为前沿抖动，松开键时产生的抖动称为后沿抖动。如果不对抖动做处理，会出现按一次键而确认多次的情况，为确保按一次键只确认一次，必须消除按键抖动。

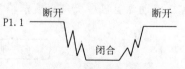

图 7.4　抖动波形示意

消除按键抖动通常有硬件消抖和软件消抖两种方法。硬件消抖是通过在按键输出电路上添加一定的硬件线路来消除抖动，一般采用 R-S 触发器或单稳态电路实现。由两个与非门组成的 R-S 触发器消抖电路如图 7.5 所示。

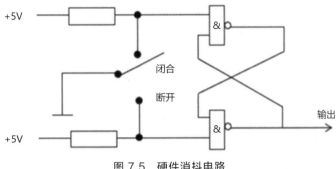

图 7.5　硬件消抖电路

　　未按下按键时，开关倒向下方，上面的与非门输入高电平，下面的与非门输入低电平，输出端输出高电平。当按下按键时，开关倒向上方，上面的与非门输入低电平，下面的与非门输入高电平，由于 R-S 触发器的反馈作用，使输出端迅速地变为低电平，而不会产生抖动波形，而当按键松开时，输出端迅速地回到高电平而不会产生抖动波形。经过图 7.5 中的 R-S 触发器消抖后，输出端的信号就变为标准的矩形波，如图 7.3 所示。

　　软件消抖是利用延时程序消除抖动。由于抖动时间都比较短，因此可以这样处理：当检测到有键被按下时，执行一段延时程序跳过抖动，再去检测，通过两次检测来识别一次按键，这样就可以消除前沿抖动的影响。对于后沿抖动，由于在接收一个键位后，一般都要经过一定时间再去检测是否按键，这样就自然跳过后沿抖动时间而消除后沿抖动了。当然在第二次检测时有可能发现又没有键被按下，这是怎么回事呢？这种情况一般是线路受到外部电路干扰使输入端产生干扰脉冲，这时就认为键没有被按下。

7.1.2　独立式键盘与单片机的接口

　　独立式键盘就是各按键相互独立，每个按键各接一根 I/O 接口线，每根 I/O 接口线上的按键都不会影响其他的 I/O 接口线。因此，通过检测各 I/O 接口线的电平状态就可以很容易地判断出哪个按键被按下了。独立式键盘与单片机的接口如图 7.6 所示。独立式键盘的电路配置灵活、简单。但每个按键要占用一根 I/O 接口线，在按键数量较多时，I/O 接口线需求很大。故一般仅在按键数量不多时采用这种形式。

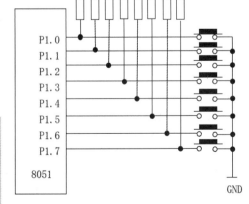

图 7.6　独立式键盘与单片机的接口

【任务实施】

一、总体方案设计

　　要实现 4 个独立按键输入单片机系统用 4 位 LED 反映状态的功能，主要包括单片机最小系统及

任务 7.1　任务实施

4 个独立按键、4 位 LED、4 个接地限流电阻器组成的硬件和必要的软件部分的设计。单片机

独立按键控制 LED 的方框图如图 7.7 所示。

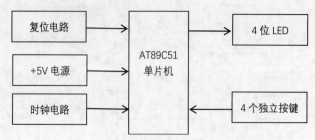

图 7.7　单片机独立按键控制 LED 的方框图

二、硬件电路设计

由 AT89C51 单片机、时钟电路、复位电路构成一个基本的单片机系统，再由外部 P1 口低 4 位连接独立按键、P2 口低 4 位连接 LED 组成，如图 7.8 所示。

（1）复位电路可以提供"上电复位"。

（2）时钟电路以 12MHz 的频率向单片机提供振荡脉冲，保证单片机以规定的频率运行。

（3）$\overline{EA}$ 接 V_{CC}（高电平），表示选择使用从单片机内部 0000H～0FFFH 到外部 1000H～FFFFH 这一区域的 ROM。

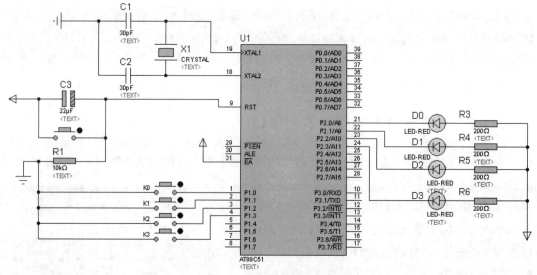

图 7.8　独立按键输入原理

三、软件设计

（1）程序设计。

C 程序代码如下。

```
# include<reg51.h>
#define uchar unsigned char
sbit K0=P1^0;                    //定义位变量
sbit K1=P1^1;
sbit K2=P1^2;
sbit K3=P1^3;
sbit D0=P2^0;
```

```
sbit D1=P2^1;
sbit D2=P2^2;
sbit D3=P2^3;
void delay(uchar k)                //定义延时函数
{
  uchar i,j;
  for (i=0;i<k;i++)
      for(j=0;j<250;j++);
}
void main(void)
{
  if (K0==0)                       //K0 被按下，D0 亮
  {
      delay(10);
       if (K0==0) D0=0;
  }
  if (K1==0)                       //K1 被按下，D1 亮
  {
      delay(10);
       if (K1==0) D1=0;
  }
  if (K2==0)                       //K2 被按下，D2 亮
  {
      delay(10);
       if (K2==0) D2=0;
  }
  if (K3==0)                       //K3 被按下，D3 亮
  {
      delay(10);
       if (K3==0) D3=0;
  }
}
```

（2）利用 Proteus 仿真软件对系统进行电路仿真，如图 7.9 所示。

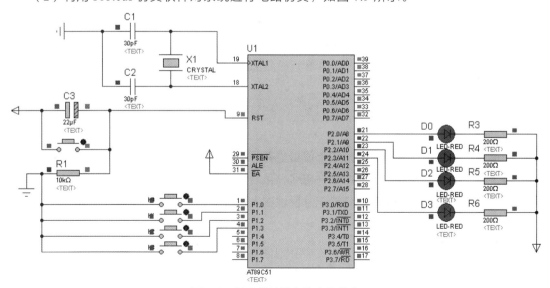

图 7.9　独立按键输入的电路仿真

四、系统调试

1. 硬件调试

硬件是系统的基础，只有硬件能够全部正常工作后才能在此基础上加载软件，从而实现系统功能。

电源部分提供整个电路所需的各种电压，因此，首先确定电源电压是否正确，其次确定单片机的电源引脚电压是否正确，然后确定是不是所有的接地引脚都接了地。如果单片机有内核电压的引脚，需测试内核电压是否正确。随后测量晶振有没有起振，一般晶振起振时两个引脚都会有 1V 左右的电压。接着检查复位电路是否正常。注意测量单片机的 ALE 引脚，看是否有脉冲波输出（51 单片机的 ALE 引脚信号为地址锁存信号，每个机器周期输出两个正脉冲），从而判断单片机是否工作。最后检查数码管是否完好或接好。

2. 软件调试

如果检查硬件电路后确定没有问题却实现不了设计要求，则可能是软件编程的问题。首先应检查主程序，然后是分段程序，要注意逻辑顺序、调用关系，以及涉及的标号，有时会因为一个标号而影响程序的执行。除此之外，还要熟悉各指令的用法，以免出错。还有一个容易忽略的问题，即源程序生成的代码是否已输入单片机中，如果这一过程遗漏，那肯定不能实现设计要求。

3. 软硬件联调

软件调试主要是在编写系统软件时涉及，一般使用 Keil 进行软件的编写和调试。编写软件时首先要分清软件应该分成哪些部分，不同的部分分开编写调试是最方便的。

在硬件调试和软件调试均正确的前提下，再进行软硬件联调。首先将调试好的软件通过下载器下载到单片机，然后上电查看运行结果。观察系统是否达到预期设计效果，如果未达到，先利用示波器观察单片机的时钟电路，看是否有信号，因为时钟电路是单片机工作的前提,所以一定要保证时钟电路正常。如果不能分析出是硬件问题还是软件问题,就重新检查软硬件及接线。一般情况下硬件问题可以通过万用表等工具检测出来，如果硬件没有问题，则必然是软件问题，就应该重新检查软件，重复上述过程，直至达到预期设计效果。

【任务总结与评价】

1. 任务总结

按键是单片机系统中很重要的输入设备。本任务以单片机最小系统、4 位按键、4 位指示灯及其上拉电阻为主要部件，构成硬件电路；再通过编程的方式，实现按键控制指示灯状态的功能。系统经仿真调试，指示灯能充分反映输入按键的动作，达到设计目标。

2. 任务评价

本任务的考核评价体系如表 7.1 所示。

表 7.1　任务 7.1 考核评价体系

班　级		项目任务			
姓　名		教　师			
学　期		评分日期			
评分内容（满分 100 分）			学生自评	同学互评	教师评价
专业技能 （70 分）	理论知识（20 分）				
	硬件系统的搭建（10 分）				
	程序设计（10 分）				
	仿真实现（20 分）				
	任务汇报（10 分）				
综合素养 （30 分）	遵守现场操作的职业规范（10 分）				
	信息获取的能力（10 分）				
	团队合作精神（10 分）				
各项得分					
综合得分 （学生自评 30%，同学互评 30%、教师评价 40%）					

任务 7.2　矩阵按键输入控制数码管显示的设计与仿真

【任务描述】

本任务要求利用 AT89C51 单片机的 I/O 接口连接 16 位矩阵按键，使矩阵按键动作控制数码管显示。用 Keil、Proteus 等开发平台进行系统搭建、编程、仿真，实现矩阵按键控制数码管数字的功能。

【知识链接】

在单片机系统的输入装置中，矩阵按键输入非常普遍。

7.2.1　矩阵按键的结构

矩阵键盘又叫行列式键盘。它用两组 I/O 接口线排列成行、列结构，一组设定为输入，另一组设定为输出，输入线要带上拉电阻器，键位设置在行、列线的交点上，按键的一端接行线，另一端接列线。由 4 根行线和 4 根列线组成的 4×4 矩阵键盘如图 7.10 所示。行线为输入，列线为输出，可管理 4×4=16 个键。矩阵键盘占用的 I/O 接口线数目

7.2.1

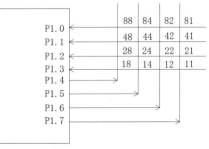

图 7.10　二进制组合编码的矩阵键盘结构

少，图 7.10 中 4×4 矩阵键盘总共只用了 8 根 I/O 接口线，比独立式键盘少了一半，而且键位

越多，情况越明显。因此，在按键数量较多时，往往采用矩阵键盘。矩阵键盘的处理一般需注意两个方面：键位的编码和键位的识别。

1．键位的编码

矩阵键盘的编码通常有两种：二进制组合编码和顺序排列编码。二进制组合编码如图 7.10 所示，每一根行线有一个编码，每一根列线也有一个编码，行线的编码从下到上分别为 1、2、4、8，列线的编码从右到左分别为 1、2、4、8，每个键位的编码直接用该键位的行线编码和列线编码组合得到。图 7.10 中 4×4 键盘从右到左、从下到上的键位编码分别是十六进制数 11、12、14、18、21、22、24、28、41、42、44、48、81、82、84、88。这种编码过程简单，但得到的编码复杂、不连续，程序处理起来不方便。

顺序排列编码如图 7.11 所示，每一行有一个行首码，每一列有一个列号，4 行的行首码从下到上分别为 0、4、8、12，4 列的列号从右到左分别是 0、1、2、3，每个键位的编码用行首码加列号得到，即编码=行首码+列号。图 7.11 中 4×4 键盘从右到左、从下到上的键位编码分别是十六进制数 0、1、2、3、4、5、6、7、8、9、A、B、C、D、E、F。这种编码虽然编码过程复杂，但得到的编码简单、连续，程序处理起来方便。现在矩阵键盘一般都采用顺序排列编码。

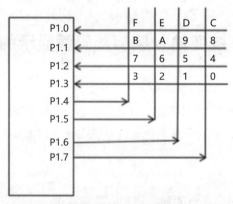

图 7.11　顺序排列编码的矩阵键盘结构

2．键位的识别

矩阵键盘键位的识别可分为两步：第一步是检测键盘上是否有键被按下；第二步是识别哪一个键被按下。

第一步，检测键盘上是否有键被按下的处理方法：将列线送入全扫描字，读入行线的状态来判别。以图 7.11 为例，其具体过程如下：P2 口低 4 位输出都为低电平，然后读连接行线的 P1 口低 4 位（P1 内部自带上拉电阻器），如果读入的内容都是高电平，说明没有键被按下，则不用做第二步；如果读入的内容不全为 1，则说明有键被按下，再做第二步，识别是哪一个键被按下。

第二步，识别键盘中哪一个键被按下的处理方法：将列线逐列置成低电平，检查行输入状态，称为逐列扫描。其具体过程如下：从 P2.0 开始，依次输出 0，置对应的列线为低电平，其他列为高电平，然后从 P1 低 4 位读入行线状态。在扫描某列时，如果读入的行线全为 1，则说明被按下的键不在此列；如果读入的行线不全为 1，则被按下的键在此列，而且是该列与 0 电平行线相交的点上的键。

为求取编码，在逐列扫描时，可用计数器记录下当前扫描列的列号，检测到第几行有键被按下，就用该行的行首码加列号得到当前按键的编码。

7.2.2 矩阵键盘的工作方式

矩阵键盘常采用查询工作方式和中断工作方式。

查询工作方式是直接在主程序中插入键盘检测子程序。主程序每执行一次，键盘检测子程序也执行一次，对相应的键盘进行一次检测，如果没有按键被按下，则跳过键识别，直接执行主程序；如果有按键被按下，则通过键盘扫描子程序识别按键，得到按键的编码值，然后根据编码值进行相应的处理，处理完后再回到主程序执行。键盘扫描子程序工作流程如图 7.12 所示。

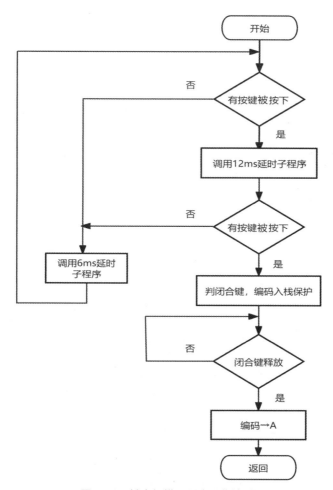

图 7.12　键盘扫描子程序工作流程

矩阵按键在查询工作方式下显示按键信息的原理如图 7.13 所示。

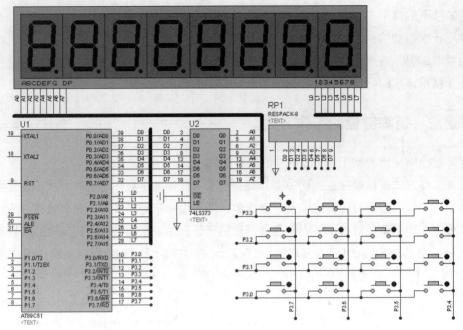

图 7.13　矩阵按键在查询工作方式下显示按键信息原理

C 语言键盘扫描子程序的代码如下。

```
#include<reg51.h>
#include<absacc.h>    //定义绝对地址访问
#define uchar unsigned char
#define uint unsigned int
void delay(uint);    //声明延时函数
void display(void);  //声明显示函数
Uchar checkkey( ) ;
uchar keyscan(void);
uchar disbuffer[8]=(0,1,2,3,4,5,6,7);      //定义显示缓冲区
void main (void)
{ uchar key;
  while(1)
  {
    key=keyscan();
    if( key!=0xff)
    {
      disbuffer[0]=disbuffer[1]; disbuffer[1]=disbuffer[2];
      disbuffer[2]=disbuffer[3]; disbuffer[3]=disbuffer[4];
      disbuffer[4]=disbuffer[5]; disbuffer[5]=disbuffer[6];
      disbuffer[6]=disbuffer[7]; disbuffer[7]=key;
    }
    display();      //调用显示函数
  }
}
//************延时函数**********
void delay(uint i)  //延时函数
{   uint j;
```

```
      for(j=0;j<i;j++){;}
  }
//********显示函数**********
void display(void)      //定义显示函数
{ uchar codevalue[16]=
  { 0x3f,0x06,0x5b,0x4f,0x66,0x6d,0x7d,0x07,0x7f,0x6f,0x77,0x7c,0x39,0x5e,
0x79,0x71};          //0~F的字段码表
  uchar chocode[8]={0xfe,0xfd,0xfb,0xf7,0xef,0xdf,0xbf,0x7f};  //位选码表
  uchar i,p,temp;
  for(i=0;i<8;i++)
  { temp=chocode[i];       //取当前的位选码
    P2=temp;               //送出位选码
    p=disbuffer[i];        //取当前显示的字符
    temp=codevalue[p];     //查得显示字符的字段码
    P0=temp;               //送出字段码
    delay(20);             //延时1ms
  }
}
//********检测有无键被按下函数**********
uchar checkkey( )         //检测有无键被按下函数,有返回0,无返回 0xff
{ uchar i;
  P3=0x0F;i=P3;
  i=i|0xF0;
  if(i==0xff) return(0xff);
   else return (0);
}
//******键盘扫描函数**********
uchar keyscan()
//键盘扫描函数,如果有键被按下,则返回该键的编码;如果无键被按下,则返回 0xff
{ uchar scancode;        //定义列扫描码变量
  uchar codevalue;       //定义返回的编码变量
  uchar m;               //定义行首码变量
  uchar k;               //定义行检测码
  uchar i,j;
  if(checkkey( )==0xff) return(0xff);    //检测有无键被按下,无返回 0xff
    else
    { delay(20);          //延时
      if(checkkey()==0xff) return(0xff); //检测有无键被按下,无返回0xff
        else
        { scancode=0xef:       //列扫描码赋初值
          for(i=0;i<4;i++)
          { k=0x01;
            P3=scancode;       //送列扫描码
            m=0x00;
            for(j=0;j<4;j++)
            { if((P3&k)==0)     //检测当前行是否有键被按下
              { codevalue=m+i;  //按下,求编码
                while(checkkey()!=0xff); //等待键位释放
                }
                else
                { k=k<<1;m=m+4; } //行检测码左移一位,计算下一行的行首码
```

153

```
                    scancode=scancode<<1;
                    scancode++;        //列扫描码左移一位，扫描下一列
              }
        }
        return (codevalue);            //返回编码
    }
}
```

【任务实施】

一、总体方案设计

单片机矩阵按键功能的实现，主要涉及单片机最小系统及矩阵按键、显示模块组成的硬件和必要的软件部分的设计，其方框图如图 7.14 所示。

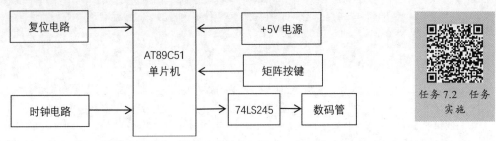

图 7.14　单片机矩阵按键的方框图

二、硬件电路设计

由 AT89C51 单片机、时钟电路、复位电路构成一个基本的单片机系统，再由单片机的 P0 口连接矩阵按键、P1 口连接 74LS245 芯片，74LS245 输出端连接数码管，具体原理如图 7.15 所示，矩阵按键结构及连接端口如图 7.16 所示。

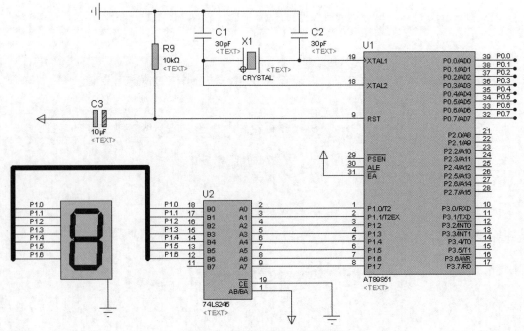

图 7.15　矩阵按键输入显示原理

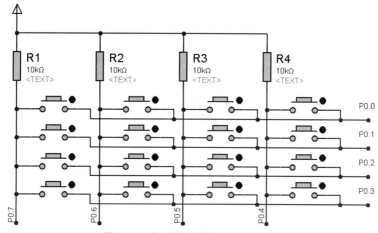

图 7.16　矩阵按键结构及连接端口

（1）复位电路可以提供"上电复位"。

（2）时钟电路以 12MHz 的频率向单片机提供振荡脉冲，保证单片机以规定的频率运行。

（3）$\overline{\text{EA}}$ 接 V_{CC}（高电平），表示选择使用从单片机内部 0000H ~ 0FFFH 到外部 1000H ~ FFFFH 这一区域的 ROM。

三、软件设计

（1）程序设计。

C 语言源程序代码参考如下。

```c
#include <AT89X51.H>        //包含 AT89X51.H 头文件
/*定义 0~9、A~F 这 16 个字符的字型码表*/
unsigned char table[]={0x3F,0x06,0x5B,0x4F,0x66,0x6D,0x7D,0x07,0x7F,0x6F,
0x77,0x7C,0x39,0x5E,0x79,0x71};

/*10ms 延时程序*/
void delay10ms(void)
{
  unsigned char i,j;
  for(i=20;i>0;i--)
    for(j=248;j>0;j--);
}

unsigned char scan_key(void)        //键盘扫描子程序
{
  unsigned char n,scan,col,rol,tmp;
  bit flag=0;                       //设有键被按下标志位
  scan=0xef;
  P0=0x0f;                          //P0 口低 4 位作为输入口，先输出全 1
  for(n=0;n<4;n++)                  //循环扫描 4 列，从 0 列开始
  {
    P0=scan;                        //逐列送出低电平
    tmp=~P0;                        //读行值，并取反
```

```
            tmp=tmp&0x0f;
            col=n;                          //保存列号到col
            flag=1;
            /*判断哪一行有键被按下，并保存行号到rol*/
            if(tmp==0x01)
                { rol=0; break;}            //第0行有键被按下
            else if(tmp==0x02)
                { rol=1; break;}            //第1行有键被按下
            else if(tmp==0x04)
                { rol=2; break;}            //第2行有键被按下
            else if(tmp==0x08)
                { rol=3; break;}            //第3行有键被按下
            else
                flag=0;
            scan=(scan<<1)+1;
        }
    if(flag==0)
        return -1;
    else
        return(rol*4+col);
}


void main()
{
    char k=0;
    unsigned char tmp,key;
    P1=0x00;
    P0=0x0f;                    //  P0口低4位作为输入口，先输出全1
    tmp=P0;
    while(1)
    {
        while(tmp==0x0f)        //循环判断是否有键被按下
        {
         P0=0x0f;               //所有列输出低电平
         tmp=P0;                //读行信号
        }
        delay10ms();            //延时10ms去抖
        P0=0x0f;                //所有列输出低电平
        tmp=P0;                 //再次读键盘状态
        if(tmp==0x0f) continue; //如果无键被按下则认为是按键抖动，重新扫描键盘
        key=scan_key();         //有键被按下，调用键盘扫描程序，并把键值送key
        while(k!=-1)            //判断闭合键是否释放，直到其释放
        {delay10ms();k=scan_key();}
        P1=table[key];          //查表或字型编码送P1口，数码管显示闭合按键的编码
    }
}
```

（2）利用 Proteus 仿真软件对系统进行电路仿真，如图 7.17 所示。

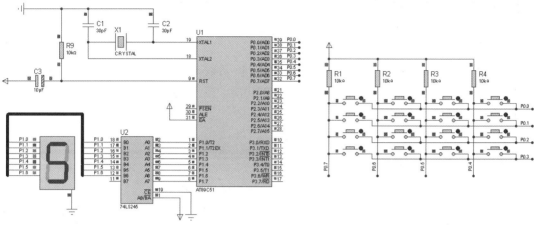

图 7.17 矩阵按键电路仿真

四、系统调试

1．硬件调试

硬件是系统的基础，只有硬件能够全部正常工作后才能在此基础上加载软件，从而实现系统功能。

电源部分提供整个电路所需的各种电压，因此，首先确定电源电压是否正确，其次确定单片机的电源引脚电压是否正确，然后确定是不是所有的接地引脚都接了地。如果单片机有内核电压的引脚，需测试内核电压是否正确。随后测量晶振有没有起振，一般晶振起振时两个引脚都会有 1V 左右的电压。接着检查复位电路是否正常。注意测量单片机的 ALE 引脚，看是否有脉冲波输出（51 单片机的 ALE 引脚信号为地址锁存信号，每个机器周期输出两个正脉冲），从而判断单片机是否工作。最后检查数码管是否完好或接好。

2．软件调试

如果检查硬件电路后确定没有问题却实现不了设计要求，则可能是软件编程的问题。首先应检查主程序，然后是分段程序，要注意逻辑顺序、调用关系，以及涉及的标号，有时会因为一个标号而影响程序的执行。除此之外，还要熟悉各指令的用法，以免出错。还有一个容易忽略的问题，即源程序生成的代码是否已输入单片机中，如果这一过程遗漏，那肯定不能实现设计要求。

3．软硬件联调

软件调试主要是在编写系统软件时涉及，一般使用 Keil 进行软件的编写和调试。编写软件时首先要分清软件应该分成哪些部分，不同的部分分开编写调试是最方便的。

在硬件调试和软件调试均正确的前提下，再进行软硬件联调。首先将调试好的软件通过下载器下载到单片机，然后上电查看运行结果。观察系统是否达到预期设计效果，如果未达到，先利用示波器观察单片机的时钟电路，看是否有信号，因为时钟电路是单片机工作的前提，所以一定要保证时钟电路正常。如果不能分析出是硬件问题还是软件问题，就重新检查软硬件及接线。一般情况下硬件问题可以通过万用表等工具检测出来，如果硬件没有问题，则必然是软件问题，就应该重新检查软件，重复上述过程，直至达到预期设计效果。

【任务总结与评价】

1. 任务总结

本任务用单片机最小系统、矩阵按键、74LS245芯片、数码管共同构成系统硬件电路，再通过软件编程，实现按键信息被数码管显示的功能。矩阵按键具有输入信息量大的优点，在单片机系统中有很广泛的应用。

2. 任务评价

本任务的考核评价体系如表7.2所示。

表7.2 任务7.2考核评价体系

班　级		项目任务			
姓　名		教　师			
学　期		评分日期			
评分内容（满分100分）		学生自评	同学互评	教师评价
专业技能（70分）	理论知识（20分）			
	硬件系统的搭建（10分）			
	程序设计（10分）			
	仿真实现（20分）			
	任务汇报（10分）			
综合素养（30分）	遵守现场操作的职业规范（10分）			
	信息获取的能力（10分）			
	团队合作精神（10分）			
各项得分				
综合得分（学生自评30%，同学互评30%、教师评价40%)				

项目8
单片机与D/A或A/D转换器的结合应用

【学习目标】

知识目标	1. 了解 D/A 转换器工作原理及性能指标； 2. 熟悉 DAC0832 芯片结构、引脚及工作方式； 3. 掌握 DAC0832 与单片机的接口电路； 4. 掌握 DAC0832 输出模拟信号的设计及仿真； 5. 了解 A/D 转换器工作原理及性能指标； 6. 熟悉 ADC0808 芯片结构、引脚及工作方式； 7. 掌握 ADC0808 与单片机的接口电路； 8. 掌握 ADC0808 输出数字信号的设计及仿真。
能力目标	1. 能对 DAC0832 的相关参数进行设置； 2. 能用单片机控制 DAC0832 芯片进行数模转换应用； 3. 能对 ADC0808 的相关参数进行设置； 4. 能用单片机控制 ADC0808 芯片进行模数转换应用。
素质目标	1. 培养安全用电、正确使用工具设备的习惯； 2. 了解芯片行业发展趋势，树立品牌竞争意识； 3. 引导学生了解国家科技进步发展，致力于国家科技事业中； 4. 培养严谨治学的学习态度，辩证统一的哲学思维。

【项目导读】

当单片机用于实时控制和智能仪表等应用系统中时，经常会遇到连续变化的模拟量，如温度、压力、速度等物理量，这些模拟量必须先转换成数字量才能送给单片机处理，当单片机处理后，也常常需要把数字量转换成模拟量后再送给外部设备。若输入的是非电信号，还需要经过传感器转换成模拟电信号。实现数字量转换成模拟量的器件称为数模转换器，又称 D/A 转换器，简称 DAC，模拟量转换成数字量的器件称为模拟数字转换器，又称 A/D 转换器，简称 ADC。本项目将先介绍 D/A 转换器和 A/D 转换器，再将转换器与单片机结合，完成波形输出和数字量显示的任务。本项目的知识导图如图 8.1 所示。

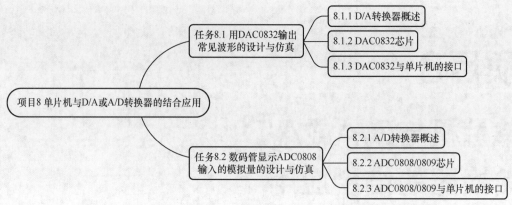

图 8.1　项目 8 知识导图——单片机与 D/A 或 A/D 转换器的结合应用

任务 8.1　用 DAC0832 输出常见波形的设计与仿真

【任务描述】

本任务要求利用 AT89C51 单片机与 DAC0832 芯片进行软硬件设计，实现三角波、方波信号的输出，信号用示波器显示。用 Keil、Proteus 等开发平台进行系统搭建、编程、仿真，实现输出波形的功能。

【知识链接】

为了外部设备的需要，有时需将单片机处理后的数字量转换成模拟量。

8.1.1　D/A 转换器概述

1. D/A 转换器的基本原理

D/A 转换器是把输入的数字量转换为与之成正比的模拟量的器件，其输入的是数字量，输出的是模拟量。数字量由一位一位的二进制数组成，不同的位所代表的大小不一样。D/A 转换过程就是把每一位数字量转换成相应模拟量，然后把所有的模拟量叠加起来，得到的总模拟量就是输入的数字量所对应的模拟量。

8.1.1

如输入的数字量为 D，输出的模拟量为 V_{OUT}，则有 $V_{OUT}=D \times V_{REF}$，其中 V_{REF} 为基准电压。若 $D=d_{n-1}2^{n-1}+d_{n-2}2^{n-2}+\ldots+d_{1}2^{1}+d_{0}2^{0}$，则 $V_{OUT}=(d_{n-1}2^{n-1}+d_{n-2}2^{n-2}+\ldots+d_{1}2^{1}+d_{0}2^{0}) \times V_{REF}$。

D/A 转换一般由电阻解码网络、模拟电子开关、基准电压、运算放大器等组成。按电阻解码网络的组成形式，将 D/A 转换器分成有权电阻解码网络 D/A 转换器、T 形电阻解码网络 D/A 转换器和开关树形电阻解码网络 D/A 转换器等。其中，T 形电阻解码网络 D/A 转换器只用到两种电阻器，精度较高，容易集成化，在实际中应用最广泛。下面以 T 形电阻解码网络 D/A 转换器为例介绍 D/A 转换器的工作原理。

T 形电阻解码网络 D/A 转换器的基本原理如图 8.2 所示。电阻解码网络由两种电阻器——R 和 $2R$ 组成，有多少位数字量就有多少个支路，每个支路由一个 R 电阻器和一个 $2R$ 电阻器组成，形状如 T 形，通过一个受二进制代码 d_i 控制的电子开关控制，当代码 d_i=0 时，支路接地；当代码 d_i=1 时，支路接到运算放大器的反相输入端。

由于各支路电流方向相同，因此支路电流在运算放大器的反相输入端会叠加。对于该电阻解码网络，从右往左看，节点 n-1、n-2、…、1、0 相对于地的等效电阻都为 R，两边支路的等效电阻都是 $2R$，所以从右边开始，基准电压 V_{REF} 流出的电流每经过一个节点，电流就减少一半，因此各支路的电流为 $I_{n-1}=\dfrac{V_{REF}}{2R}$，$I_{n-2}=\dfrac{V_{REF}}{2^2R}$，…，$I_1=\dfrac{V_{REF}}{2^{n-1}R}$，$I_0=\dfrac{V_{REF}}{2^nR}$（$n$ 为总位数）。流向运算放大器的反向端的总电流 I 为各支路电流之和，即 $I=I_0+I_1+I_2+\cdots+I_{n-2}+I_{n-1}=D\dfrac{V_{REF}}{2^nR}$。经运算放大器转换成输出电压 V_{OUT}，即 $V_{OUT}=-I\times R_F=-D\dfrac{V_{REF}R_F}{2^nR}$。

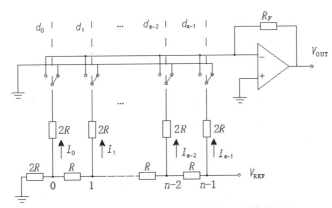

图 8.2　T 形电阻解码网络 D/A 转换器的基本原理

从上式可以看出，输出电压与输入数字量成正比。调整 R_F 和 V_{REF} 可调整 D/A 转换器的输出电压范围和满刻度值。另外，如取 R_F=R（电阻解码网络的等效电阻），则 $V_{OUT}=-\dfrac{D}{2^n}V_{REF}$。

根据上述分析，设 T 形电阻解码网络 D/A 转换器为 8 位，基准电压 V_{REF}=-10V，令 $R_F=R$，则输入数字量为全 0 时，V_{OUT}=0V。当输入数字量为 00000001 时，V_{OUT}=$(1\times2^0)\times10/2^8\approx0.039$（V）。当输入数字量为全 1 时，$V_{OUT}$=$(255\times2^0)\times10/2^8$=9.96（V）≈10（V）。

由 D/A 转换器工作原理可知，把一个数字量转换成模拟量一般通过两步来实现。第一步，先把数字量转换为对应的模拟电流 I，这一步由电阻解码网络结构中的 D/A 转换器完成；第二步，将模拟电流 I 转变为模拟电压 V_{OUT}，这一步由运算放大器完成。所以，D/A 转换器通常有两种类型，一种是 D/A 转换器内只有电阻解码网络、没有运算放大器，转换器输出的是电流，这种 D/A 转换器称为电流型 D/A 转换器，若要输出模拟电压，还必须外接运算放大器。另一种是内部既有电阻解码网络、又有运算放大器，转换器输出的直接是模拟电压，这种 D/A 转换器称为电压型 D/A 转换器，它在使用时无须外接放大器。目前大多数 D/A 转换器都属于电流型 D/A 转换器。

2. D/A 转换器的性能指标

（1）分辨率

分辨率是指 D/A 转换器所能产生的最小模拟量的增量，是数字量最低有效位（LSB）所对应的模拟值。这个参数反映 D/A 转换器对模拟量的分辨能力。分辨率的表示方法有多种，一般用最小模拟值变化量与满量程信号值之比来表示。例如，8 位的 D/A 转换器的分辨率为 1/256，12 位的 D/A 转换器的分辨率为 1/4096。

（2）精度

精度用于衡量 D/A 转换器在将数字量转换成模拟量时，所得模拟量的精确程度。它表明了模拟输出实际值相对理论值的偏差。精度可分为绝对精度和相对精度。绝对精度是指在输入端加入给定数字量时，在输出端实测的模拟量相对理论值的偏差。相对精度是指当满量程信号值校准后，任何输入数字量的模拟输出值与理论值的误差，实际上相对精度是 D/A 转换器的线性度。

（3）线性度

线性度是指 D/A 转换器的实际转换特性与理想转换特性之间的误差。一般来说，D/A 转换器的线性度应小于±1/2LSB。

（4）温度灵敏度

温度灵敏度指标表明 D/A 转换器具有受温度变化影响的特性。

（5）建立时间

建立时间是指从数字量输入端发生变化开始，到模拟输出稳定在额定值的±1/2LSB 时所需要的时间。它是描述 D/A 转换器转换速率快慢的一个参数。

3．D/A 转换器的分类

D/A 转换器品种繁多、性能各异。按输入数字量的位数可以分为 8 位、10 位、12 位和 16 位等；按输入的数码可以分为二进制方式和 BCD 码方式；按传送数字量的方式可以分为并行方式和串行方式；按输出形式可以分为电流输出型和电压输出型，电压输出型又有单极性和双极性之分。下面介绍几种常用的 D/A 转换器。

（1）DAC0830 系列

DAC0830 系列是美国 National Semiconductor 公司生产的具有两个数据寄存器的 8 位 D/A 转换器。该系列产品包括 DAC0830、DAC0831、DAC0832，管脚完全兼容 20 脚，采用双列直插式封装。

（2）DAC82 系列

DAC82 系列是 B-B 公司生产的能完全与微处理器兼容的 8 位 D/A 转换器，片内带有基准电压和调节电阻器，无须外接器件及微调即可与单片机 8 位数据线相连。芯片工作电压为 ±15V，可以直接输出单极性或双极性的电压（0～10V，±10V）和电流（0～1.6mA，±0.8mA）。

（3）DAC1020/AD7520 系列

DAC1020/AD7520 系列为 10 位 D/A 转换器。DAC1020 系列是美国 National Semiconductor 公司的产品，包括 DAC1020、DAC1021、DAC1022，与美国 Analog Devices 公司的 AD7520 及其后继产品 AD7530、AD7533 完全兼容。单电源工作，电源电压为 5～15V，电流建立时间为 500ns，为 16 线双列直插式封装。

（4）DAC1220/AD7521 系列

DAC1220/AD7521 系列为 12 位 D/A 转换器。DAC1220 系列包括 DAC1220、DAC1221、DAC1222 产品，与 AD7521 及其后继产品 AD7531 管脚完全兼容，为 18 线双列直插式封装。

（5）DAC1208 和 DAC1230 系列

DAC1208 和 DAC1230 系列均为美国 National Semiconductor 公司的 12 位 D/A 转换器。两者不同之处是 DAC1230 数据输入引脚线只有 8 根，而 DAC1208 有 12 根。DAC1208 系列为 24 线双列直插式封装，而 DAC1230 系列为 20 线双列直插式封装。DAC1208 系列包括 DAC1208、DAC1209、DAC1210 等产品，DAC1230 系列包括 DAC1230、DAC1231、DAC1232 等产品。

（6）DAC708/709 系列

DAC708/709 系列是 B-B 公司生产的能完全与微处理器兼容的 16 位 D/A 转换器，具有双缓冲输入寄存器，片内具有基准电源及电压输出放大器。数字量可以并行或串行输入，模拟量可以电压或电流形式输出。

8.1.2 DAC0832 芯片

1. DAC0832 芯片概述

DAC0832 是采用 CMOS（互补金属氧化物半导体）工艺制成的电流型 8 位 T 形电阻解码网络 D/A 转换器，是 DAC0830 系列的一种，满刻度误差±1LSB，线性误差±0.1%，建立时间为 1μs，功耗 20mW。其数字输入端具有双重缓冲功能，可以双缓冲、单缓冲或直通方式输入。DAC0832 芯片因引脚连接方便、转换控制容易、价格便宜，在实际工作中被广泛使用。

2. DAC0832 的内部结构

DAC0832 的内部结构如图 8.3 所示，主要由 8 位输入寄存器、8 位 DAC 寄存器、8 位 D/A 转换器和控制逻辑电路组成。

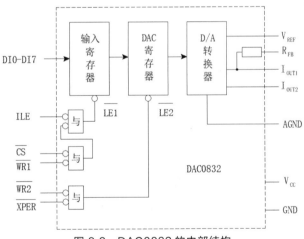

图 8.3 DAC0832 的内部结构

其中，8 位输入寄存器接收从外部发送来的 8 位数字量，锁存于内部的锁存器中；8 位 DAC 寄存器从 8 位输入寄存器中接收数据，并能把接收的数据锁存于它内部的锁存器；8 位位 D/A 转换器对 8 位 DAC 寄存器发送来的数据进行转换，转换的结果通过 I_{OUT1} 和 I_{OUT2} 输出。8 位输入寄存器和 8 位 DAC 寄存器都分别有自己的控制端 $\overline{LE1}$ 和 $\overline{LE2}$，$\overline{LE1}$ 和 $\overline{LE2}$ 通过相应的控制逻辑电路控制。通过它们，DAC0832 可以很方便地实现双缓冲、单缓冲或直通方式处理。

3. DAC0832 的引脚

DAC0832 有 20 个引脚，采用双列直插式封装，如图 8.4 所示。各引脚信号线的功能如下。

DI0 ~ DI7（DI0 为最低位）：8 位数字量输入端。

ILE：数据允许控制输入线，高电平有效。

$\overline{CS}$：片选信号。

$\overline{WR1}$：写信号线 1。

$\overline{WR2}$：写信号线 2。

$\overline{XFER}$：数据传送控制信号输入线，低电平有效。

R_{FB}：片内反馈电阻器引出线，反馈电阻器集成在芯片内部，该电阻器与内部的电阻解码网络相匹配。R_{FB} 端一般直接接到外部运算放大器的输出端，相当于将反馈电阻

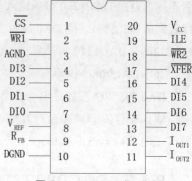

图 8.4　DAC0832 引脚

器接在运算放大器的输入端和输出端之间，将输出的电流转换为电压输出。

I_{OUT1}：模拟电流输出线 1，它是数字量输入为 1 的模拟电流输出端。当输入数字量为全 1 时，其值最大，约为 V_{REF}；当输入数字量为全 0 时，其值最小，为 0。

I_{OUT2}：模拟电流输出线 2，它是数字量输入为 0 的模拟电流输出端。当输入数字量为全 0 时，其值最大，约为 V_{REF}；当输入数字量为全 1 时，其值最小，为 0，I_{OUT1} 加 I_{OUT2} 等于常数。采用单极性输出时，I_{OUT2} 常常接地。

V_{REF}：基准电压输入线。电压范围为 -10 ~ 10V。

V_{CC}：工作电源输入端，可接 5 ~ 15V 电源。

AGND：模拟地。

DGND：数字地。

4. DAC0832 的工作方式

通过改变引脚 ILE、$\overline{WR1}$、$\overline{WR2}$、$\overline{CS}$ 和 $\overline{XFER}$ 的连接方法，DAC0832 具有直通方式、单缓冲方式和双缓冲方式 3 种工作方式。

（1）直通方式

当引脚 $\overline{WR1}$、$\overline{WR2}$、$\overline{CS}$、$\overline{XFER}$ 直接接地时，ILE 接电源，DAC0832 工作于直通方式下。此时，8 位输入寄存器和 8 位 DAC 寄存器都直接处于导通状态，一旦 8 位数字量到达 DI0 ~ DI7，就立即进行 D/A 转换，从输出端得到转换的模拟量。这种方式处理简单，但 DI0 ~ DI7 不能直接和 MCS-51 系列单片机的数据线相连，只能通过独立的 I/O 接口来连接。

（2）单缓冲方式

通过连接 ILE、$\overline{WR1}$、$\overline{WR2}$、$\overline{CS}$ 和 $\overline{XFER}$ 引脚，使得两个寄存器中的一个处于直通状态，另一个处于受控制状态，或者两个同时被控制，DAC0832 就工作于单缓冲方式。对于单缓冲方式，单片机只需对它操作一次，就能将转换的数据送到 DAC0832 的 DAC 寄存器，并立即开始转换，转换结果通过输出端输出。

（3）双缓冲方式

当 8 位输入寄存器和 8 位 DAC 寄存器分开控制导通时，DAC0832 工作于双缓冲方式，

此时单片机对 DAC0832 的操作先后分为两步：第一步，使 8 位输入寄存器导通，将 8 位数字量写入 8 位输入寄存器中；第二步，使 8 位 DAC 寄存器导通，8 位数字量从 8 位输入寄存器送入 8 位 DAC 寄存器。第二步只使 DAC 寄存器导通，在数据输入端写入的数据无意义。

8.1.3　DAC0832与单片机的接口

单片机与 DAC0832 连接时，把 DAC0832 作为片外 RAM 的存储单元来处理。具体的连接和 DAC0832 的工作方式相关。在实际中，如果是单片 DAC0832，通常采用单缓冲方式与单片机连接；如果是多片 DAC0832，通常通过双缓冲方式与单片机连接。

图 8.5 是 Proteus 中单片 DAC0832 与 51 单片机通过单缓冲方式连接的电路图。其中 DAC0832 的 $\overline{\text{WR2}}$ 和 $\overline{\text{XFER}}$ 引脚直接接地，ILE 引脚接电源，$\overline{\text{WR1}}$ 引脚接 51 单片机的片外 RAM 写信号线 $\overline{\text{WR}}$，$\overline{\text{CS}}$ 引脚接 51 单片机的片外 RAM 地址线最高位 A15（P2.7），DI0~DI7 与 51 单片机的 P0 口（数据总线）相连。因此，DAC0832 的输入寄存器受 51 单片机控制导通，DAC 寄存器直接导通，当 51 单片机向 DAC0832 的输入寄存器写入转换的数据时，就直接通过 DAC 寄存器送 D/A 转换器开始转换，转换结果通过输出端输出。输出端接了运算放大器（LM324），实现把电流转换成电压送到示波器显示。

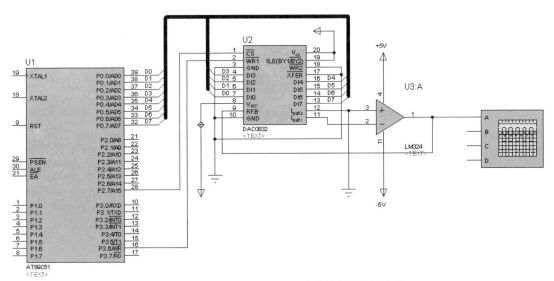

图 8.5　单片机与 DAC0832 芯片单缓冲连接方式

图 8.6 是 Proteus 中两片 DAC0832 与 51 单片机通过双缓冲方式连接的电路图，其中两片 DAC0832 的 ILE 都接电源，数据线 DI0~DI7 与 51 单片机的 P0 口（数据总线）相连，两片 DAC0832 的 $\overline{\text{WR1}}$ 和 $\overline{\text{WR2}}$ 连在一起与 51 单片机的片外 RAM 写信号线 $\overline{\text{WR}}$ 相连，第一片 DAC0832 的 $\overline{\text{CS}}$ 引脚与 51 单片机的 P2.6 相连，第二片 DAC0832 的 CS 引脚与 51 单片机的 P2.7 相连，两片 DAC0832 的 XFER 连接在一起与 51 单片机的 P2.5 相连，即两片 DAC0832 的

输入寄存器分开控制，而 DAC 寄存器一起控制。使用时，51 单片机先分别向两片 DAC0832 的输入寄存器写入转换的数据，再让两片 DAC0832 的 DAC 寄存器一起导通，则两个输入寄存器中的数据同时写入 DAC 寄存器开始转换，转换结果通过输出端同时输出，这样就能实现两路模拟量同时输出。

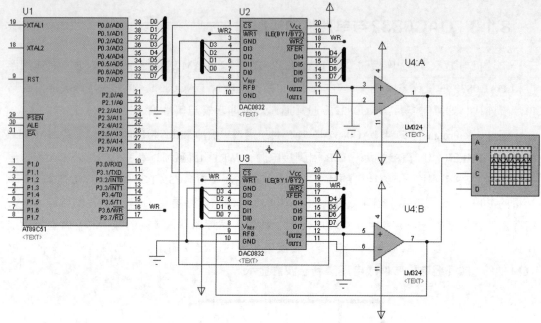

图 8.6 单片机与 DAC0832 芯片双缓冲连接方式

【任务实施】

一、总体方案设计

单片机控制 DAC0832 实现三角波和方波输出功能，主要包括单片机最小系统、示波器、DAC0832 芯片及其辅助电路组成的硬件和必要的软件部分，方框图如图 8.7 所示。

任务 8.1 任务
实施

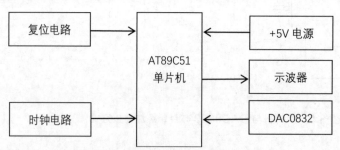

图 8.7 单片机输出波形的方框图

二、硬件电路设计

由 AT89C51 单片机、时钟电路、复位电路构成一个基本的单片机系统，再由示波器、DAC0832 芯片及其辅助电源电路等组成，其原理如图 8.5 所示。

（1）复位电路可以提供"上电复位"。

（2）时钟电路以 12MHz 的频率向单片机提供振荡脉冲，保证单片机以规定的频率运行。

（3）$\overline{EA}$ 接 V_{CC}（高电平），表示选择使用从单片机内部 0000H ～ 0FFFH 到外部 1000H ～ FFFFH 这一区域的 ROM。

三、软件设计

（1）程序设计。C 语言程序代码如下。

三角波：

```
#include<REGX51.H>
#include<absacc.h>                      //定义绝对地址访问
#define uchar unsigned char
#define DAC0832 XBYTE[0x7FFF]
void main()
{
  uchar i;
  while(1)
  {
    for(i=0;i<0xff;i++)  {DAC0832=i;}
    for(i=0xff;i>0;i--)  {DAC0832=i;}
  }
}
```

方波：

```
#include<REGX51.H>
#include<absacc.h>                      //定义绝对地址访问
#define uchar unsigned char
#define DAC0832 XBYTE[0x7FFF]
void delay(void);
void main()
{
  //uchar i;
  while(1)
  {
    DAC0832=0; //输出低电平
    delay(); //延时
    DAC0832=0xff; //输出高电平
    delay(); //延时
  }
}
void delay() //延时函数
{
  uchar i; for(i=0;i<0xff;i++)
  {;}
}
```

（2）利用 Proteus 仿真软件对系统进行电路仿真，结果如图 8.8 所示；三角波仿真结果如图 8.9 所示；方波仿真结果如图 8.10 所示。

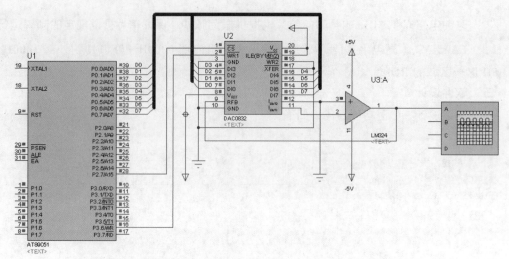

图 8.8　DAC0832 输出周期性波形的电路仿真

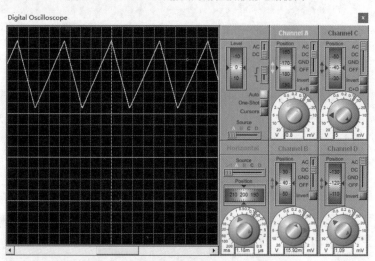

图 8.9　DAC0832 输出三角波仿真结果

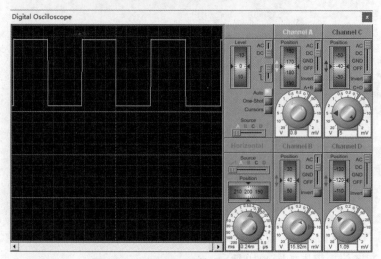

图 8.10　DAC0832 输出方波仿真结果

四、系统调试

1. 硬件调试

硬件是系统的基础，只有硬件能够全部正常工作后才能在此基础上加载软件，从而实现系统功能。

电源部分提供整个电路所需的各种电压，因此，首先确定电源电压是否正确，其次确定单片机的电源引脚电压是否正确，然后确定是不是所有的接地引脚都接了地。如果单片机有内核电压的引脚，需测试内核电压是否正确。随后测量晶振有没有起振，一般晶振起振时两个引脚都会有 1V 左右的电压。接着检查复位电路是否正常。注意测量单片机的 ALE 引脚，看是否有脉冲波输出（51 单片机的 ALE 引脚信号为地址锁存信号，每个机器周期输出两个正脉冲），从而判断单片机是否工作。最后检查数码管是否完好或接好。

2. 软件调试

如果检查硬件电路后确定没有问题却实现不了设计要求，则可能是软件编程的问题。首先应检查主程序，然后是分段程序，要注意逻辑顺序、调用关系，以及涉及的标号，有时会因为一个标号而影响程序的执行。除此之外，还要熟悉各指令的用法，以免出错。还有一个容易忽略的问题，即源程序生成的代码是否已输入单片机中，如果这一过程遗漏，那肯定不能实现设计要求。

3. 软硬件联调

软件调试主要是在编写系统软件时涉及，一般使用 Keil 进行软件的编写和调试。编写软件时首先要分清软件应该分成哪些部分，不同的部分分开编写调试是最方便的。

在硬件调试和软件调试均正确的前提下，再进行软硬件联调。首先将调试好的软件通过下载器下载到单片机，然后上电查看运行结果。观察系统是否达到预期设计效果，如果未达到，先利用示波器观察单片机的时钟电路，看是否有信号，因为时钟电路是单片机工作的前提，所以一定要保证时钟电路正常。如果不能分析出是硬件问题还是软件问题，就重新检查软硬件及接线。一般情况下硬件问题可以通过万用表等工具检测出来，如果硬件没有问题，则必然是软件问题，就应该重新检查软件，重复上述过程，直至达到预期设计效果。

【任务总结与评价】

1. 任务总结

本任务以单片机最小系统、DAC0832 芯片、运算放大器、示波器共同构成系统硬件电路，通过软件编程、以示波器呈现的方式，分别实现三角波和方波信号的输出。采用类似方法还可实现其他模拟量波形的输出，达到将数字量转换成模拟量的目的。

2. 任务评价

本任务的考核评价体系如表 8.1 所示。

表 8.1　任务 8.1 考核评价体系

班　　级		项目任务			
姓　　名		教　　师			
学　　期		评分日期			
评分内容（满分 100 分）			学生自评	同学互评	教师评价
专业技能 （70 分）	理论知识（20 分）				
	硬件系统的搭建（10 分）				
	程序设计（10 分）				
	仿真实现（20 分）				
	任务汇报（10 分）				
综合素养 （30 分）	遵守现场操作的职业规范（10 分）				
	信息获取的能力（10 分）				
	团队合作精神（10 分）				
各项得分					
综合得分 （学生自评 30%，同学互评 30%、教师评价 40%）					

任务 8.2　数码管显示 ADC0808 输入的模拟量的设计与仿真

【任务描述】

用 ADC0808 芯片与单片机搭建一个系统，将模拟量转换成数字量，并通过数码管显示出来。在 Keil、Proteus 等开发平台进行系统搭建、编程、仿真，实现模数转换功能。

【知识链接】

当单片机测得温度、压力等物理量时，这些模拟量必须先转换成数字量才能被单片机处理。

8.2.1　A/D 转换器概述

A/D 转换器的作用是把模拟量转换成数字量，以便于计算机进行处理。随着超大规模集成电路技术的飞速发展，现在有很多类型的 A/D 转换器芯片，不同芯片的内部结构不一样，转换原理也不同。各种 A/D 转换器芯片根据转换原理可分为计数型、逐次逼近型、双重积分型和并行式 A/D 转换器等；按转换方法可分为直接 A/D 转换器和间接 A/D 转换器；按其分辨率可分为 4～16 位的 A/D 转换器。

8.2.1

1. A/D 转换器类型及原理

（1）计数型 A/D 转换器

计数型 A/D 转换器由 D/A 转换器、计数器和比较器组成，如图 8.11 所示。工作时，计数器由零开始计数，每计一次数后将计数值送往 D/A 转换器进行转换，并将生成的模拟量与输入的模拟量在比较器内进行比较，若前者小于后者，则计数值加 1，重复 D/A 转换及比较过程，以此类推，直到 D/A 转换后的模拟量与输入的模拟量相同则停止计数，这时，计数器中的当前值就为输入模拟量对应的数字量。这种 A/D 转换器结构简单、原理清楚，但它的转换速度与精度之间存在矛盾——提高精度转换的速度就慢、提高速度转换的精度就低，所以在实际中很少使用。

（2）逐次逼近型 A/D 转换器

逐次逼近型 A/D 转换器由一个比较器、D/A 转换器、逐次逼近寄存器和控制逻辑组成，如图 8.12 所示。与计数型相同，也要进行比较以得到转换的数字量，但逐次逼近型是用逐次逼近寄存器从高位到低位依次开始逐位试探比较。转换过程如下：开始时寄存器各位清零，转换时，先将最高位置 1，送 D/A 转换器转换，比较转换结果与输入的模拟量，如果转换的模拟量比输入的模拟量小则 1 保留，如果转换的模拟量比输入的模拟量大则 1 不保留，然后从第二位依次重复上述过程直至最低位，最后寄存器中的内容就是输入模拟量对应的数字量。一个 n 位的逐次逼近型 A/D 转换器转换只需要比较 n 次，转换时间只取决于位数和时钟周期。逐次逼近型 A/D 转换器转换速度快，在实际中被广泛使用。

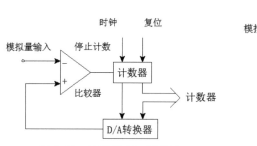

图 8.11　计数型 A/D 转换器

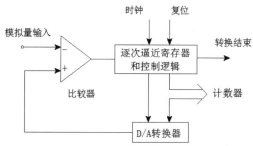

图 8.12　逐次逼近型 A/D 转换器

（3）双重积分型 A/D 转换器

双重积分型 A/D 转换器将输入电压先变换成与其平均值成正比的时间间隔，然后把此时间间隔转换成数字量，如图 8.13 所示，它属于间接型转换器。它的转换过程分为采样和比较两个环节。采样即用积分器对输入的模拟电压进行固定时间的积分，输入的模拟电压值越大则采样值越大；比较就是用基准电压对积分器进行反向积分，直至积分器的值为 0。由于基准电压值固定，因此采样值越大，反向积分时积分时间越长，积分时间与输入电压值成正比。最后把积分时间转换成数字量，则该数字量就为输入模拟量对应的数字量。由于在转换过程中进行了两次积分，因此称为双重积分型。双重积分型 A/D 转换器转换精度高，稳定性好，测量的是输入电压在一段时间的平均值，而不是输入电压的瞬时值，因此它的抗干扰能力强，但是转换速度慢。双重积分型 A/D 转换器在工业上应用比较广泛。

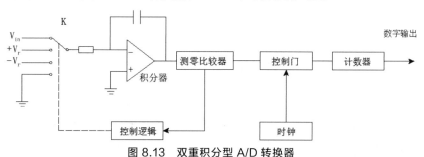

图 8.13　双重积分型 A/D 转换器

2．A/D 转换器的主要性能指标

（1）分辨率

分辨率是指 A/D 转换器能分辨的最小输入模拟量，通常用转换的数字量的位数来表示，如 8 位、10 位、12 位、16 位等。位数越高，分辨率越高。

（2）转换时间

转换时间是指 A/D 转换器完成一次转换所需要的时间，是指从启动 A/D 转换器到转换结束并得到稳定的数字输出量为止的时间。转换时间越短，转换速度越快。

（3）量程

量程是指所能转换的输入电压范围。

（4）转换精度

转换精度分为绝对精度和相对精度。绝对精度是指实际需要的模拟量与理论上要求的模拟量之差。相对精度是指当满刻度值校准后，任意数字量对应的实际模拟量（中间值）与理论值（中间值）之差。

8.2.2　ADC0808/0809 芯片

1．ADC0808/0809 芯片概述

ADC0808/0809 是 8 位 CMOS 逐次逼近型 A/D 转换器，它们的主要区别是 ADC0808 的最小误差为±1/2LSB，ADC0809 为±1LSB。采用单一+5V 电源供电，工作温度范围宽。每片 ADC0808 有 8 路模拟量输入通道，带转换起停控制，输入模拟电压范围 0 ~ 5V，无须零点和满刻度校准，转换时间为 100μs，功耗低（约 15mW）。

2．ADC0808/0809 的内部结构

ADC0808/0809 由模拟通道选择开关、地址锁存和译码器、比较器、D/A 转换器、逐次逼近寄存器 SAR、定时和控制电路、三态锁存缓冲器等组成，内部结构如图 8.14 所示。

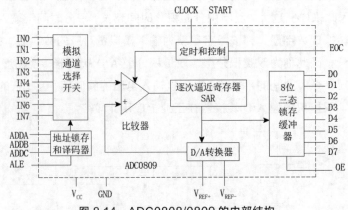

图 8.14　ADC0808/0809 的内部结构

其中，8 路模拟通道选择开关的功能是从 8 路输入模拟量中选择一路送给后面的比较器；地址锁存与译码器用于当 ALE 引脚信号有效时，锁存将从 ADDA、ADDB、ADDC 这 3 根地

址线上送来的 3 位地址译码后形成当前模拟通道的选择信号送给 8 路模拟通道选择开关；比

较器、8 位开关树形 D/A 转换器、逐次逼近寄存器、定

时和控制电路组成 8 位 A/D 转换器。当 START 信号由

高电平变为低电平时，启动转换，同时 EOC 引脚由高

电平变为低电平，经过 8 个 CLOCK 时钟，转换结束，

转换得到的数字量送到 8 位三态锁存缓冲器，同时 EOC

引脚回到高电平。当 OE 引脚输入高电平时，保存在三

态锁存缓冲器中，转换结果可通过数据线 D0～D7 送出。

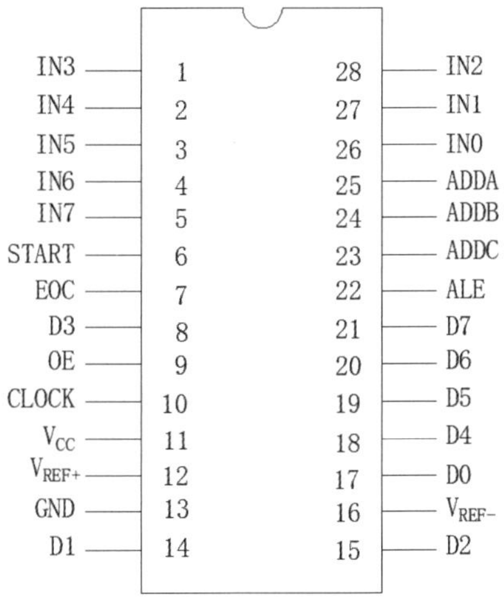

3. ADC0808/0809 的引脚

ADC0808/0809 芯片有 28 条引脚，采用双列直插式

封装，如图 8.15 所示，各引脚信号线的功能如下。

IN0～IN7：8 路模拟量输入端。

D0～D7：8 位数字量输出端。

图 8.15 ADC0808/0809 的引脚

ADDA、ADDB、ADDC：3 位地址输入线，用于选择 8 路模拟通道中的一路，选择情况

见表 8.2。

表 8.2 ADC0808/0809 通道地址选择

ADDC	ADDB	ADDA	选择通道
0	0	0	IN0
0	0	1	IN1
0	1	0	IN2
0	1	1	IN3
1	0	0	IN4
1	0	1	IN5
1	1	0	IN6
1	1	1	IN7

ALE：地址锁存允许信号，输入高电平有效。

START：A/D 转换启动信号，输入高电平有效。

EOC：A/D 转换结束信号，输出。当 A/D 转换启动时，该引脚为低电平；当 A/D 转换结

束时，该引脚为高电平。由于 ADC0808/0809 为 8 位逐次逼近型 A/D 转换器，从转换启动到

结束的时间固定为 8 个 CLK 时钟，因此，EOC 信号的低电平宽度也固定为 8 个 CLK 时钟。

OE：数据输出允许信号，输入高电平有效。当转换结束后，如果从该引脚输入高电平，

则打开三态锁存缓冲器，数据从 D0～D7 送出。

CLOCK：时钟脉冲输入端。要求时钟频率不高于 640kHz。

V_{REF+}、V_{REF-}：基准电压输入端。在多数情况下，V_{REF+}接+5V，V_{REF-}接 GND。

V_{CC}：电源，接+5V 电源。

GND：地。

4. ADC0808/0809 的工作流程

ADC0808/0809 的工作时序如图 8.16 所示。

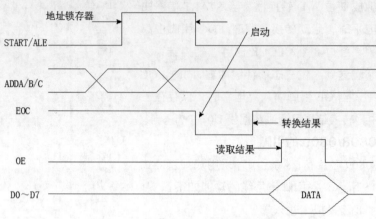

图 8.16　ADC0808/0809 的工作时序

（1）给 ADC0808/0809 输入 3 位地址，并使 ALE=1，将地址存入地址锁存器中，经地址译码器译码从 8 路模拟通道中选一路送模拟量到比较器。

（2）给 ADC0808/0809 的 START 送一高脉冲，START 的上升沿使逐次逼近寄存器复位，下降沿启动 A/D 转换，并使 EOC 信号为输出电平。

（3）当 ADC0808/0809 转换结束时，转换的结果送入三态锁存缓冲器，并使 EOC 信号回到高电平，通知 CPU 已转换结束。

（4）CPU 给 OE 送高电平，ADC0808/0809 三态锁存缓冲器的数据输出到 D0～D7 端以供 CPU 读取。

5. ADC0808/0809 的工作方式

根据读入转换结果的处理方法，ADC0808/0809 的使用可分为 3 种方式。不同使用方式的 ADC0808/0809 与单片机的连接略有不同。

（1）延时方式：连接时 EOC 悬空，启动转换后延时 100μs，跳过转换时间后再读入转换结果。

（2）查询方式：EOC 接单片机并口线，启动转换后，查询单片机并口线，如果变为高电平，说明转换结束，则读入转换结果。

（3）中断方式：EOC 经非门接单片机的中断请求端，将转换结束信号作为中断请求信号向单片机提出中断请求，中断后执行中断服务程序，在中断服务中读入转换结果。

8.2.3　ADC0808/0809 与单片机的接口

在 Proteus 中 ADC0808 与单片机连接的电路如图 8.17 所示。其中 ADC0808 的数据线 D0～D7 与单片机的 P0 对应相连。地址线 ADDA、ADDB、ADDC 接地，直接选中 0 通道。锁存信号引脚 ALE 和启动信号引脚 START 连接在一起接单片机的 P3.0。输出允许信号引脚

OE 接单片机的 P3.1。转换结束信号引脚 EOC 接 51 单片机的 P3.2，通过查询方式检测转换是否结束。通过这种连接，单片机直接通过并口线方式使用 ADC0808。

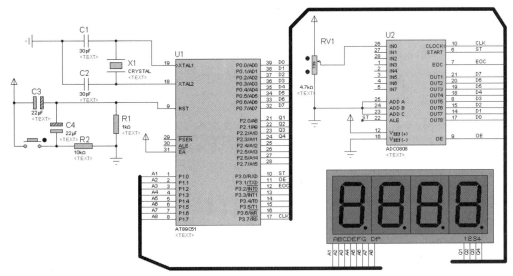

图 8.17　ADC0808 与单片机的连接电路

　　另外，ADC0808 的时钟信号引脚 CLOCK 接单片机的 P3.7，由单片机的定时/计数器 0 工作于方式 2 定时，定时时间 10μs，时间到后对 P3.7 取反，产生 50kHz 周期性信号作 ADC0808 的时钟信号。基准电压正端 V_{REF+} 接+5V 电源，负端 V_{REF-} 接地。在输入通道 IN0 接模拟量，通过滑动变阻器（POP-HT）输入，最大值为+5V，对应数字量为 255；最小值为 0，对应数字量为 0。

　　为了显示转换得到的数字量，在单片机的 P1 口和 P2 口接了 4 个共阳极数码管（7SEG-MPX4-CA），采用动态方式显示，P1 口输出字段码，P2 口的低 4 位输出位选码。数码管通过固定定时方式显示，由定时/计数器 1 产生 20ms 的周期性定时，定时时间到后对 4 个数码管依次显示一次。显示时，把转换得到的 8 位二进制（00000000B～11111111B）转换成 3 位十进制（000～255）并通过右边 3 个数码管显示。

【任务实施】

一、总体方案设计

　　单片机控制 ADC0808 实现模数转换，主要涉及单片机最小系统以及 ADC0808 芯片、数码管等组成的硬件和必要的软件部分的设计，其方框图如图 8.18 所示。

任务 8.2　任务
实施

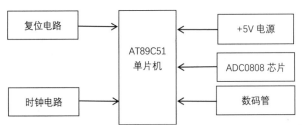

图 8.18　单片机与 ADC0808 实现模数转换的方框图

二、硬件电路设计

由 AT89C51 单片机、时钟电路、复位电路构成一个基本的单片机系统，再由单片机的 I/O 引脚连接数码管和 ADC0808 芯片相应引脚，其原理如图 8.17 所示。

（1）复位电路可以提供"上电复位"。

（2）时钟电路以 12MHz 的频率向单片机提供振荡脉冲，保证单片机以规定的频率运行。

（3）$\overline{EA}$ 接 V_{CC}（高电平），表示选择使用从单片机内部 0000H ~ 0FFFH 到外部 1000H ~ FFFFH 这一区域的 ROM。

三、软件设计

（1）程序设计与实现。C 语言源程序代码参考如下。

```c
#include <reg51.h>
#define uchar unsigned char
uchar code dispcode[4]={0x08,0x04,0x02,0x00};        //LED 显示的控作
uchar code codevalue[10]={0xC0,0xF9,0xA4,0xB0,0x99,0x92,0x82,0xF8,0x80,0x90};
                                                      //0 ~ 9 共阳极字段码
uchar temp;                           //存储 ADC0808 转换后处理过程中的临时数值
uchar dispbuf[4];                     //存储十进制值
sbit ST=P3^0;
sbit OE=P3^1;
sbit EOC=P3^2;
sbit CLK=P3^7;
uchar count;                          //LED 显示位控制
uchar getdata;                        //ADC0808 转换后的数值
void delay(uchar m)                   //延时
{
    while(m--)
    {  }
}
void main(void)
{
  ET0=1; ET1=1;
  EA=1; TMOD=0x12;                    //T0 工作在模式 2，T1 工作在模式 1
  TH0=246; TL0=246;
  TH1=(65536-20000)/256;
  TL1=(65536-20000)*256;
  TR1=1; TR0=1;
  while(1)
  {  ST=0;ST=1;                       //产生启动转换的正脉冲信号
    ST=0;
    while(EOC==0)
    {;}                               //等待转换结束
    OE=1;
    getdata=P0; OE=0;
    temp=getdata;                     //暂存转换结果
                       /*将转换结果转换为十进制数*/
    dispbuf[2]=getdata/100;
    temp=temp-dispbuf[2]*100;
    dispbuf [1]=temp/10;
    temp=temp-dispbuf[1]*10;
    dispbuf[0]=temp;
```

```
}
void T0X(void) interrupt 1 using 0          //定时/计数器 0 中断，产生转换时钟
{  CLK=~CLK;  }
void T1X(void) interrupt 3 using 0          //定时/计数器 1 中断，数码管显示
{
  TH1=(65536-20000)/256;
  TL1=(65536-20000)*256;
  for (count=0;count<=3;count++)
  {
    P2=dispcode[count];
    P1=codevalue [dispbuf[count]];          //输出字段码
    delay(255);
  }
}
```

（2）利用 Proteus 仿真软件对系统进行电路仿真，如图 8.19 所示。

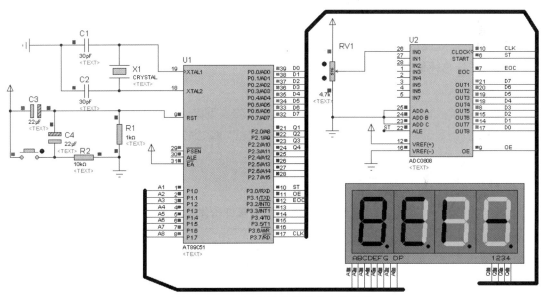

图 8.19　ADC0808 数模转换电路仿真

四、系统调试

1．硬件调试

硬件是系统的基础，只有硬件能够全部正常工作后才能在此基础上加载软件，从而实现系统功能。

电源部分提供整个电路所需的各种电压，因此，首先确定电源电压是否正确，其次确定单片机的电源引脚电压是否正确，然后确定是不是所有的接地引脚都接了地。如果单片机有内核电压的引脚，需测试内核电压是否正确。随后测量晶振有没有起振，一般晶振起振时两个引脚都会有 1V 左右的电压。接着检查复位电路是否正常。注意测量单片机的 ALE 引脚，看是否有脉冲波输出（51 单片机的 ALE 引脚信号为地址锁存信号，每个机器周期输出两个正脉冲），从而判断单片机是否工作。最后检查数码管是否完好或接好。

2．软件调试

如果检查硬件电路后确定没有问题却实现不了设计要求，则可能是软件编程的问题。首先应检查主程序，然后是分段程序，要注意逻辑顺序、调用关系，以及涉及的标号，有时会因为一个标号而影响程序的执行。除此之外，还要熟悉各指令的用法，以免出错。还有一个容易忽略的问题，即源程序生成的代码是否已输入单片机中，如果这一过程遗漏，那肯定不能实现设计要求。

3．软硬件联调

软件调试主要是在编写系统软件时涉及，一般使用 Keil 进行软件的编写和调试。编写软件时首先要分清软件应该分成哪些部分，不同的部分分开编写调试是最方便的。

在硬件调试和软件调试均正确的前提下，再进行软硬件联调。首先将调试好的软件通过下载器下载到单片机，然后上电查看运行结果。观察系统是否达到预期设计效果，如果未达到，先利用示波器观察单片机的时钟电路，看是否有信号，因为时钟电路是单片机工作的前提，所以一定要保证时钟电路正常。如果不能分析出是硬件问题还是软件问题，就重新检查软硬件及接线。一般情况下硬件问题可以通过万用表等工具检测出来，如果硬件没有问题，则必然是软件问题，就应该重新检查软件，重复上述过程，直至达到预期设计效果。

【任务总结与评价】

1．任务总结

本任务以单片机最小系统、ADC0808 芯片、数码管等构成系统硬件电路，再以软件编程设计实现数码管显示模拟量的功能。系统经仿真调试，模数转换效果良好，达到设计目标。

2．任务评价

本任务的考核评价体系如表 8.3 所示。

表 8.3　任务 8.2 考核评价体系

班　　级			项目任务			
姓　　名			教　　师			
学　　期			评分日期			
评分内容（满分 100 分）			学生自评	同学互评		教师评价
专业技能 （70 分）	理论知识（20 分）					
	硬件系统的搭建（10 分）					
	程序设计（10 分）					
	仿真实现（20 分）					
	任务汇报（10 分）					
综合素养 （30 分）	遵守现场操作的职业规范（10 分）					
	信息获取的能力（10 分）					
	团队合作精神（10 分）					
各项得分						
综合得分 （学生自评 30%，同学互评 30%、教师评价 40%）						

项目9
单片机汇编语言

【学习目标】

知识目标	1. 了解汇编指令格式及标识； 2. 了解指令的寻址方式、指令系统、伪指令； 3. 理解汇编程序的数据传送程序、运算程序、代码转换程序、多分支转移程序等； 4. 掌握常见汇编代码、常见汇编代码结构； 5. 理解汇编代码与硬件结构、存储系统的关系。
能力目标	1. 能分析常见汇编代码，明白其具体功能； 2. 能用汇编语言实现简单的功能； 3. 能对功能综合的汇编程序进行分析。
素质目标	1. 遵守现场操作的职业规范，具备安全、整洁、规范实施工作任务的能力； 2. 具有良好的职业道德、职业责任感和不断学习的精神； 3. 锤炼团结、包容、不畏困难、吃苦耐劳的品格； 4. 以积极的态度对待训练任务，具有团队交流和协作能力。

【项目导读】

　　汇编语言是机器语言的符号表示，是最接近硬件的语言，在某些场景下，具有不可替代的作用。本项目是对单片机汇编语言的介绍，项目将从汇编指令格式及标识、指令的寻址方式、指令系统、常用伪指令、数据传送等知识入手，先解读其语义，再分析简单代码，最后设计简单的汇编程序。本项目的知识导图如图 9.1 所示。

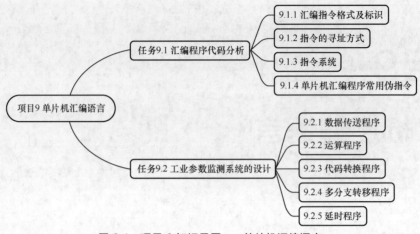

图 9.1　项目 9 知识导图——单片机汇编语言

任务 9.1　汇编程序代码分析

【任务描述】

本任务主要介绍单片机汇编语言的知识，包括汇编指令格式及标识、寻址方式、指令系统等。在此基础上，重点介绍指令功能及应用，分析给定的汇编程序代码，阐述其具体功能及软硬件关系，帮助学生为后续编程打下基础。

【知识链接】

用汇编语言开发单片机应用系统具有显著优势，但汇编语言可读性差的问题限制了其使用范围。

9.1.1　汇编指令格式及标识

指令是使计算机完成基本操作的命令。计算机工作时通过执行程序来解决问题，而程序是由一条条指令按一定的顺序组成的，计算机内部只能直接识别二进制代码指令。以二进制代码指令形成的计算机语言，称为机器语言。机器语言不便被人们识别、记忆、理解和使用。为便于人们识别、记忆、理解和使用，给每条机器语言指令赋一个助记符号，这就形成了汇编语言。汇编语言指令是机器语言指令的符号化，它和机器语言指令一一对应。机器语言和汇编语言与计算机硬件密切相关，不同类型计算机的机器语言和汇编语言指令不一样。

9.1.1

一种计算机能够执行的全部指令的集合，称为这种计算机的指令系统。单片机的指令系统与微型计算机的指令系统不同。MCS-51 系列单片机指令系统共有 111 条指令、42 种指令助记符，其中有 49 条单字节指令、45 条双字节指令和 17 条三字节指令；有 64 条为单机器周期指令，45 条为双机器周期指令，只有乘法、除法两条指令为四机器周期指令，在存储空间的利用和运算速度等方面的表现都很不错。

MCS-51 系列单片机指令系统功能强、指令短、执行快。从功能上可分成五大类：数据传送指令、算术运算指令、逻辑操作指令、控制转移指令和位操作指令。

1. 指令格式

不同的指令完成不同的操作，实现不同的功能，具体格式也不一样。但从总体上来说，每条指令通常由操作码和操作数两部分组成。操作码表示计算机执行该指令将进行何种操作，操作数表示参加操作的数或操作数所在的地址。MCS-51 系列单片机汇编语言指令基本格式如下。

[标号：] 操作码助记符 [目的操作数] [源操作数] [；注释]

其中，操作码助记符表明指令的功能，不同的指令有不同的操作码助记符，它一般用说明其功能的英文单词的缩写形式表示。

操作数用于给指令的操作提供数据、数据的地址或指令的地址，操作数往往用相应的寻址方式指明。不同的指令，操作数不一样。MCS-51 系列单片机指令系统的指令按操作数的多少可分为无操作数、单操作数、双操作数和三操作数 4 种。无操作数指令是指指令中不需要操作数或操作数采用隐含形式指明，例如 RET 指令。单操作数指令是指指令中只需提供一个操作数或操作数地址，例如 INC A 指令。双操作数指令是指指令中需要两个操作数，通常第一个操作数为目的操作数（接收数据），第二个操作数为源操作数（提供数据），例如 MOV A,#21H。三操作数指令 MCS-51 系列单片机中只有一条，即 CJNE 比较转移指令。

标号是该指令的符号地址，后面需带冒号（:）。它主要为转移指令提供转移的目的地址。注释是对该指令的解释，前面需带分号（;）。它们是编程者根据需要加上去的，用于对指令进行说明。对指令本身功能而言是可以不要的。

2．指令中用到的标识符

为便于学习，在这里先对指令中用到的一些符号的约定意义加以说明。

（1）Ri 和 Rn：表示当前工作寄存器区中的工作寄存器，i 取 0 或 1，表示 R0 或 R1；n 取 0～7，表示 R0～R7。

（2）#data：表示包含在指令中的 8 位立即数。

（3）#data16：表示包含在指令中的 16 位立即数。

（4）rel：以补码形式表示的 8 位相对偏移量，范围为-128～127，主要用在相对寻址的指令中。

（5）addr16 和 addr11：分别表示 16 位直接地址和 11 位直接地址。

（6）direct：表示直接寻址的地址。

（7）bit：表示可按位寻址的直接位地址。

（8）(X)：表示 X 单元中的内容。

（9）/和→符号：/表示对该位操作数取反，但不影响该位的原值；→表示操作流程，将箭尾一方的内容送入箭头所指一方的单元中去。

9.1.2 指令的寻址方式

所谓寻址方式就是指操作数或操作数的地址的寻找方式。对于两操作数指令，源操作数和目的操作数都存在寻址方式。若不特别声明，后面提到的寻址方式均指源操作数的寻址方式。单片机的寻址方式按操作数的类型可分为数的寻址和指令寻址。数的寻址根据数的种类有常数寻址（立即寻址）、寄存器数寻址（寄存器寻址）、存储器数寻址（直接寻址、寄存器间接寻址、变址寻址）和位数据寻址（位寻址）。指令寻址得到转移的目的地址，根据目的地址的提供方式有绝对寻址和相对寻址。不同的寻址方式格式不同，处理的数据不一样。

1. 常数寻址（立即寻址）

操作数是常数，使用时直接出现在指令中，紧跟在操作码的后面，作为指令的一部分与操作码一起存放在 ROM 中，可以立即得到并执行，不需要经过别的途径去寻找。常数又称为立即数，故又称常数寻址为立即寻址。在 51 单片机汇编指令中，立即数以#作前缀。在程序中通常用于给寄存器或存储器单元赋初值，例如：

```
MOV A,#20H
```

其功能是把立即数 20H 送给累加器 A，其中源操作数 20H 就是立即数。指令执行后累加器 A 中的内容为 20H。

2. 寄存器数寻址（寄存器寻址）

操作数在寄存器中，使用时在指令中直接提供寄存器的名称，这种寻址方式称为寄存器寻址。在 MCS-51 系列单片机中，这种寻址方式针对的只能是 R0 ~ R7 这 8 个通用寄存器和部分特殊功能寄存器（如累加器 A、B 寄存器、数据指针寄存器 DPTR 等）中的数据，其他特殊功能寄存器中的内容的寻址方式不属于寄存器寻址。在汇编指令中，寄存器寻址在指令中直接提供寄存器的名称，如 R0、R1、A、DPTR 等，例如：

```
MOV A,R0
```

其功能是把 R0 寄存器中的数送给累加器 A。在指令中，源操作数 R0 为寄存器寻址，传送的对象为 R0 中的数据。如指令执行前 R0 中的内容为 20H，则指令执行后累加器 A 中的内容为 20H。

3. 存储器数寻址

存储器数寻址针对的数据存放在存储器单元中，对存储器单元的内容通过提供存储器单元地址寻址。根据存储器单元地址的提供方式，存储器数的寻址方式有直接寻址、寄存器间接寻址、变址寻址。

（1）直接寻址

直接寻址是在指令中直接提供存储器单元的地址。MCS-51 系列单片机中，这种寻址方式针对的是片内 RAM 和特殊功能寄存器。在汇编指令中，直接以地址数的形式提供存储器单元的地址，例如：

```
MOV A , 20H
```

其功能是把片内 RAM 20H 单元的内容送给累加器 A。如果指令执行前片内 RAM 20H 单元的内容为 30H，则指令执行后累加器 A 的内容为 30H。指令中 20H 是地址数，它是片内 RAM 单元的地址。在 MCS-51 中，数据前面不加#是指存储器单元地址而不是常数，常数前面要加#。

对于特殊功能寄存器，在指令中往往通过特殊功能寄存器的名称使用，而特殊功能寄存器名称实际上是特殊功能寄存器单元的符号地址，因此它们是直接寻址。例如：

```
MOV A,P0
```

其功能是把 P0 口的内容送给累加器 A。P0 是特殊功能寄存器 P0 口的符号地址，在该指令被翻译成机器码时，P0 被转换成直接地址 80H。

（2）寄存器间接寻址

寄存器间接寻址是指存储器单元的地址存放在寄存器中，在指令中通过提供寄存器来使用对应的存储单元，形式为"@寄存器名"。例如：

```
MOV A,@R1
```

该指令的功能是将以工作寄存器 R1 中的内容为地址的片内 RAM 单元的数据传送到累加器 A 中去。指令的源操作数是寄存器间接寻址。若 R1 中的内容为 80H，片内 RAM 80H 地址单元的内容为 20H，则执行该指令后，累加器 A 的内容为 20H。寄存器间接寻址示意如图 9.2 所示。

在 MCS-51 系列单片机中，寄存器间接寻址用到的寄存器只能是通用寄存器 R0、R1 和数据指针寄存器 DPTR，它能访问片内 RAM 和片外 RAM 中的数据。对于片内 RAM，只能用 R0 和 R1 做指针间接访问；对于片外 RAM，可以用 DPTR 做指针间接访问整个 64KB 空间，也可以用 R0 或 R1 做指针间接访问低端的 256 字节单元。用 R0 和 R1 既可对片内 RAM 间接访问，也可对片外 RAM 低端 256 字节间接访问。片内 RAM 访问用 MOV 指令，片外 RAM 访问用 MOVX 指令。

（3）变址寻址

变址寻址是指操作数的地址由基址寄存器中存放的地址加上变址寄存器中存放的地址得到。在 MCS-51 系列单片机中，基址寄存器可以是数据指针寄存器 DPTR 或程序计数器 PC，变址寄存器只能是累加器 A，两者的内容相加得到存储单元的地址，所访问的存储器为 ROM。这种寻址方式通常用于访问 ROM 中的表格型数据，表首单元的地址为基址，放于基址寄存器，访问的单元相对于表首的位移量为变址，放于变址寄存器，通过变址寻址可得到 ROM 相应单元的数据。例如：

```
MOVC A, @A+DPTR
```

其功能是将数据指针寄存器 DPTR 中的内容和累加器 A 中的内容相加作为 ROM 的地址，从对应的单元中取出内容送到累加器 A 中。指令中，源操作数的寻址方式为变址寻址，设指令执行前数据指针寄存器 DPTR 的值为 2000H，累加器 A 的值为 05H，ROM 2005H 单元的内容为 30H，则指令执行后，累加器 A 中的内容为 30H。变址寻址示意如图 9.3 所示。

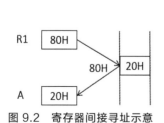

图 9.2　寄存器间接寻址示意

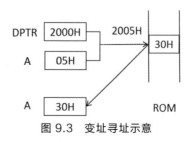

图 9.3　变址寻址示意

变址寻址可以用数据指针寄存器 DPTR 作基址寄存器，也可以用程序计数器 PC 作基址寄存器，当使用程序计数器 PC 时，由于 PC 用于控制程序的执行，在程序执行过程中用户不能随意改变，它始终指向下一条指令的地址，因而就不能直接把基址放在其中。那基址如何得到呢？基址值可以通过由当前的 PC 值加上一个相对于表首位置的差值得到。这个差值不能加到 PC 中，可以通过加到累加器 A 中来实现。

4. 位数据寻址（位寻址）

在 51 单片机中，有一个独立的位处理器，能够进行各种位运算，位运算的操作对象是各种位数据。位数据可通过提供相应的位地址来访问。位数据的寻址方式简称位寻址方式。

在 MCS-51 系列单片机中，位地址的提供方式有以下几种。

（1）直接位地址（00H～FFH）。例如，20H。

（2）字节地址带位号。例如，20H.3 表示 20H 单元的 3 位。

（3）特殊功能寄存器名带位号。例如，P0.1 表示 P0 口的 1 位。

（4）位符号地址。例如，TR0 是定时/计数器 T0 的启动位。

5. 指令寻址

指令寻址用在控制转移指令中，它的功能是得到转移的目的位置的地址。因此操作数用于提供目的位置的地址。在 MCS-51 系列单片机中，目的位置的地址可以通过两种方式提供，分别对应两种寻址方式。

（1）绝对寻址

绝对寻址是在指令的操作数中直接提供目的位置的地址或地址的一部分。在 MCS-51 系列中，长转移和长调用提供目的位置的 16 位地址，绝对转移和绝对调用提供目的位置的 16 位地址的低 11 位，它们都为绝对寻址。

（2）相对寻址

相对寻址是以当前程序计数器 PC 值加上指令中给出的偏移量 rel 得到目的位置的地址。在 MCS-51 系列单片机中，相对转移指令的操作数属于相对寻址。

在使用相对寻址时要注意以下两点。

① 当前 PC 值是指转移指令执行时的 PC 值，它等于转移指令的地址加上转移指令的字节数。实际上是转移指令的下一条指令的地址。例如，若转移指令的地址为 2010H，转移指令的长度为两个字节，则转移指令执行时的 PC 值为 2012H。

② 偏移量 rel 是 8 位有符号数，以补码表示，它的取值范围为 $-128\sim127$。当为负数时向前转移，当为正数时向后转移。

相对寻址的目的地址为：

$$目的地址=当前 PC+rel=转移指令的地址+转移指令的字节数+rel$$

9.1.3　指令系统

9.1.3

1. 数据传送指令

数据传送指令实现数据在各模块间的相互传送，一般是把源操作数（第

2 个操作数）传送到目的操作数（第 1 个操作数）。它是指令系统中数量最多、使用最频繁的一类指令，共 29 条，涉及 8 个助记符：MOV、MOVX、MOVC、XCH、XCHD、SWAP、PUSH 和 POP。分为 5 组：片内 RAM 传送指令、片外 RAM 传送指令、ROM 传送指令、数据交换指令和堆栈操作指令。

2. 算术运算指令

算术运算指令实现加、减、乘、除运算，共 24 条，涉及 8 个助记符：ADD、ADDC、INC、SUBB、DEC、MUL、DIV 和 DA。分为 5 组：加法指令、减法指令、乘法指令、除法指令和十进制调整指令。

3. 逻辑操作指令

逻辑操作指令对操作数按逻辑量处理，共 24 条，涉及 9 个助记符：ANL、ORL、XRL、CLR、CPL、RL、RR、RLC 和 RRC。分为 6 组：逻辑与、逻辑或、逻辑异或、逻辑清零、求反、及循环移位指令。

4. 控制转移指令

控制转移指令用于改变程序执行的顺序，实现循环结构和分支结构，共 17 条，涉及 12 个助记符：LJMP、AJMP、SJMP、JMP、JZ、JNZ、CJNE、DJNZ、ACALL、LCALL、RET 和 RETI。分为 4 组：无条件转移指令、条件转移指令、子程序调用指令及返回指令。

5. 位操作指令

在 51 单片机中，除了有一个 8 位的运算器 A 以外，还有一个位运算器 C（实际为进位标志 CY），可以进行位处理，这对于控制系统很重要。位操作指令共有 17 条，涉及 11 个助记符：MOV、CLR、CPL、SETB、ANL、ORL、JC、JNC、JB、JNB 和 JBC。分为 3 组：位传送指令、位逻辑运算指令、位控制转移指令。

9.1.4 单片机汇编程序常用伪指令

伪指令是放在汇编语言源程序中用于指示汇编程序如何对源程序进行汇编的指令。它不同于指令系统中的指令。指令系统中的指令在汇编程序汇编时能够产生相应的指令代码，而伪指令在汇编程序汇编时不会产生代码，只是对汇编过程进行相应的控制和说明。伪指令通常在汇编语言源程序中用于定义数据、分配存储空间、控制程序的 I/O 等。51 单片机汇编语言源程序常用的伪指令有以下几条。

9.1.4

1. ORG 伪指令

格式：ORG 地址（十六进制表示）

这条伪指令放在一段源程序或数据的前面，汇编时用于指明程序或数据从程序存储空间的什么位置开始存放。ORG 伪指令后的地址是程序或数据的起始地址。

2. DB 伪指令

格式：[标号:] DB 项或项表

DB 伪指令用于定义字节数据，可以定义一个字节，也可定义多个字节。定义多个字节时，两两之间用逗号分隔，定义的多个字节在存储器中是连续存放的。定义的字节可以是一般常数，也可以是字符，还可以是字符串。字符和字符串以引号引起来，字符在 RAM 中以 ASCII 形式存放。在定义时前面可以带标号，定义的标号在程序中是起始单元的地址。

3．DW 伪指令

格式：[标号:]DW 项或项表

这条指令与 DB 相似，但用于定义字数据。项或项表所定义的一个字在存储器中占两个字节。汇编时，机器自动按高字节在前、低字节在后存放，即高字节存放在低地址单元，低字节存放在高地址单元。

4．DS 伪指令

格式：[标号:]DS 数值表达式

该伪指令用于在存储器中保留一定数量的字节单元。保留存储空间主要是为了以后存放数据。保留的字节单元数由表达式的值决定。

5．EQU 伪指令

格式：符号 EQU 项

该伪指令的功能是将指令中项的值赋予 EQU 前面的符号。项可以是常数、地址标号或表达式。该指令执行后可以通过符号使用相应的项。用 EQU 伪指令对某标号赋值后，该符号的值在整个程序中不能再改变。

6．DATA 伪指令

格式：符号 DATA 直接字节地址

该伪指令用于给片内 RAM 字节单元地址赋予 DATA 前面的符号，符号以字母开头，同一单元地址可以赋予多个符号。赋值后可用该符号代替 DATA 后面的片内 RAM 字节单元地址。

7．XDATA 伪指令

格式：符号 XDATA 直接字节地址

该伪指令与 DATA 伪指令基本相同，只是它针对的是片外 RAM 字节单元。

8．bit 伪指令

格式：符号 bit 位地址

该伪指令用于给位地址赋予符号，经赋值后可用该符号代替 bit 后面的位地址。

9．END 伪指令

格式：END

该指令放于程序的最后位置，用于指明汇编语言源程序的结束位置。当汇编程序汇编到 END 伪指令时，汇编结束。END 后面的指令，汇编程序都不予处理。一个源程序只能有一个 END，否则就有一部分指令不能被汇编。

【任务实施】

以下是一段用单片机控制 1 位数码管显示数字 0～9 的程序。请结合前述汇编知识，先和老师一起分析下列汇编程序代码，并在分号后注释语义，然后学生分组解释每行代码的意义。

源程序如下。

```
        CSEG AT 0000H
START:  MOV  R1,#00H          ;
NEXT:   MOV  A,R1             ;
        MOV  DPTR,#TABLE      ;
        MOVC A,@A+DPTR        ;
        MOV  P0,A             ;
        LCALL DELAY           ;
        INC  R1               ;
        CJNE R1,#10,NEXT      ;
        LJMP START            ;
;延时子程序，主频12MHz
DELAY:  MOV R5,#25            ;
D2:     MOV R6,#40
D1:     MOV R7,#249
        DJNZ R7,$
        DJNZ R6,D1
        DJNZ R5,D2
        RET
TABLE:  DB  0C0H,0F9H,0A4H,0B0H,99H,92H,82H,0F8H,80H,90H    ;
        END
```

【任务总结与评价】

1. 任务总结

本任务主要介绍了汇编语言的一些理论知识，然后分析了一段汇编代码，讲解了每行汇编代码的语义，帮助学生掌握常见指令及其功能，为后续汇编程序设计打下基础。

2. 任务评价

本任务的考核评价体系如表 9.1 所示。

表 9.1　任务 9.1 考核评价体系

班　　级		项目任务			
姓　　名		教　　师			
学　　期		评分日期			
评分内容（满分 100 分）			学生自评	同学互评	教师评价
专业技能（70 分）	理论知识（50 分）				
	任务汇报（20 分）				
综合素养（30 分）	遵守现场操作的职业规范（10 分）				
	信息获取的能力（10 分）				
	团队合作精神（10 分）				
各项得分					
综合得分（学生自评 30%，同学互评 30%、教师评价 40%）					

任务 9.2 工业参数监测系统的设计

【任务描述】

本任务先介绍单片机汇编程序设计的有关知识，再设计一个工业参数监控系统，要求能监控温度超限、压力超限、pH 值超限等多种情况，当发生超限时能够给出相应的处理措施。

【知识链接】

在单片机系统设计中，程序设计是很重要的一环，它的质量直接影响到整个系统功能的实现效果。

9.2.1 数据传送程序

例 9-1 把片内 RAM 的 40H～4FH 单元的 16 个字节的内容传送到片外 RAM 的 2000H 单元位置处。

分析：片内 RAM 与片外 RAM 数据传送通过累加器 A 过渡，分别用指针指向片内 RAM 和片外 RAM，每传送一次指针向后移一个单元，重复 16 次即可。

具体处理过程如下：在循环体外，用 R0 指向片内 RAM 的 40H 单元，用 DPTR 指向片外 RAM 的 2000H 单元，用 R2 作循环变量，初值为 16。在循环体中把片外 RAM 单元的 R0、DPTR 指针指向下一个单元，用 DJNZ 指令控制循环 16 次即可。程序流程图如图 9.4 所示。

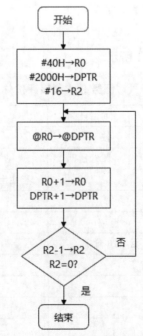

图 9.4 多字节数据传送程序流程

程序代码如下。

```
        ORG 0000H
        LJMP MAIN
        ORG 0100H
MAIN: MOV R0,#40H
        MOV DPTR,#2000H
        MOV R2,#16
LOOP: MOV A,@R0
        MOVX @DPTR,A
        INC R0
        INC DPTR
        DJNZ R2,LOOP
        SJMP $
        END
```

9.2.2 运算程序

例 9-2 多字节无符号数加法。

设从片内 RAM 30H 单元和 40H 单元取两个 16 字节数，把它们相加，将结果放于 30H 单元开始的位置处（设结果不溢出）。

用 R0 做指针指向 30H 单元；用 R1 做指针指向 40H 单元；R2 为循环变量，初值为 16；在循环体中用 ADDC 指令把 R0 指针指向的单元与 R1 指针指向的单元相加，加得的结果放回 R0 指向的单元；改变 R0、R1 指针指向下一个单元，循环 16 次。注意，在第一次循环前应将位运算器 C 清零。程序流程图如图 9.5 所示。

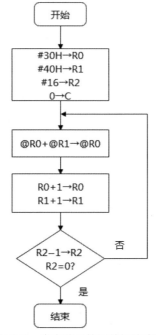

图 9.5 多字节无符号数加法流程

程序代码如下。

```
        ORG 0000H
        LJMP MAIN
        ORG 0100H
MAIN:MOV R0,#30H
        MOV R1,#40H
        MOV R2,#16H
        CLR C
LOOP:MOV A,@R0
        ADDC A,@R1
        MOV @R0,A
        INC R0
        INC R1
        DJNZ R2,LOOP
        SJMP $
        END
```

例 9-3 两字节无符号数乘法。

设被乘数的高字节放在 R7 中，低字节放在 R6 中；乘数的高字节放在 R5 中，低字节放在 R4 中。乘得的积有 4 个字节，按由低字节到高字节的次序存于片内 RAM 以 ADDR 为首地址的区域中。

由于 51 单片机只有一条单字节无符号数乘法指令 MUL，而且要求参加运算的两个字节放在累加器 A 和 B 寄存器中，而乘得的结果的高字节放在 B 寄存器中，低字节放在累加器 A 中。

程序代码如下。

```
        ORG 0000H
        LJMP MAIN
        ORG 0100H
MAIN:MOV R0,#ADDR
MUL1:MOV A,R6
        MOV B,R4
        MUL AB              ;R6×R4，结果的低字节直接存入积的第一字节单元
        MOV @R0,A           ;结果的高字节放入 R3 中暂存起来
        MOV R3,B
MUL2:MOV A,R7
        MOV B,R4
        MUL AB              ;R7×R4，结果的低字节与 R3 相加后存入 R3 中
        ADD A,R3
        MOV R3,A
        MOV A,B             ;结果的高字节加上进位后放入 R2 中暂存起来
        ADDC A,#00
        MOV R2,A
MUL3:MOV A,R6
        MOV B,R5
        MUL AB              ;R6×R5，结果的低字节与 R3 相加存入积的第二字节单元
        ADD A,R3
        INC R0
```

```
          MOV @R0,A
          MOV A,R2
          ADDC A,B            ;结果的高字节加 R2 再加进位后存入 R2 中
          MOV R2,A
          MOV A,#00
          ADDC A,#00          ;相加的进位存入 R1 中
          MOV R1,A
MUL4:     MOV A,R7
          MOV B,R5
          MUL AB              ;R7×R5，结果的低字节与 R2 相加存入积的第三字节单元
          ADD A,R2
          INC R0
          MOV @R0,A
          MOV A,B
          ADDC A,R1           ;结果的高字节加 R1 再加进位后存入积的第四字节单元
          INC R0
          MOV @R0,A
          SJMP $
          END
```

9.2.3　代码转换程序

对于代码转换，如果要转换的内容与代码之间有规律，则可利用它们的规律用运算方式实现转换；如果没有规律，可以通过查表方式实现转换。

例 9-4　将一位十六进制数转换成 ASCII，设十六进制数放于 R2 中，要求转换的结果放回 R2 中。

一位十六进制数有 16 个符号，即 0～9 和 A～F。其中，0～9 的 ASCII 为 30H～39H，A～F 的 ASCII 为 41H～46H。转换时，只要判断十六进制数是 0～9 还是 A～F，如为 0～9，加 30H；如为 A～F，先加 07H，再加 30H。这样就可得 ASCII。

程序代码如下。

```
    ORG 0200H
    MOV A,R2
    CLR C
    SUBB A,#0AH         ;减去 0AH，判断十六进制数是 0～9 还是 A～F
    MOV A,R2
    JC ADD30           ;如是 0～9，直接加 30H
    ADD A,#07H         ;如是 A～F，先加 07H，再加 30H
ADD30:ADD A,#30H
    MOV R2,A
    RET
```

例 9-5　一位十六进制数转换成 8 段式数码管显示码，设十六进制数放于 R2 中，要求转换的结果放回 R2 中。

一位十六进制数 0～9、A～F 的 8 段式数码管的共阴极显示码为 3FH、06H、5BH、4FH、66H、6DH、7DH、07H、7FH、67H、77H、7CH、39H、5EH、79H、71H。由于数与显示码

没有规律，因此不能通过运算得到，只能通过查表方式得到。首先用数据定义伪指令 DB 建一张由十六进制数 0~9、A~F 的 8 段式数码管的共阴极显示码组成的表，查表时先找到表首，然后用这一位十六进制数作位移量就可以找到相应的显示码。

在 51 单片机中，查表指令有两条：MOVC A,@A+DPTR 和 MOVC A,@A+PC。用它们构造的查表程序分别如下。

（1）用 MOVC A,@A+DPTR 构造的查表程序，其代码如下。

```
            ORG 0200H
CONVERT:MOV DPTR,#TAB        ;DPTR 指向表首地址
        MOV A,R2             ;转换的数放于 A
        MOVC A, @A+DPTR      ;查表指令转换
        MOV R2,A
        RET
TAB: DB 3FH,06H,5BH,4FH,66H,6DH,7DH,07H
     DB 7FH,67H,77H,7CH,39H,5EH,79H,71H              ;显示码表
```

用 MOVC A,@A+DPTR 查表时，基址寄存器 DPTR 直接存放表首地址，累加器 A 中存放要转换的数字。执行查表指令后累加器 A 中就可得到相应的显示码。

（2）用 MOVC A,@A+PC 构造的查表程序，其代码如下。

```
            ORG 0200H
CONVERT:MOV A,R2             ;转换的数放于 A
        ADD A,#02H           ;加查表指令相对于表首的位移量
        MOVC A, @A+PC        ;查表指令转换
        MOVR2,A
        RET
TAB: DB 3FH,06H,5BH,4FH,66H,6DH,7DH,07H
     DB,7FH,67H,77H,7CH,39H,5EH,79H,71H              ;显示码表
```

用 MOVC A,@A+PC 时，由于程序计数器 PC 不能直接赋值，在程序处理过程中它始终指向下一条指令。查表时如何得到表首地址呢？处理时，可以用 MOVC A,@A+PC 指令执行时的 PC 值加一个差值来得到，这个差值为 MOVC A,@A+PC 指令执行时的 PC 值相对于表首的位移量。在本例中，这个差值为 02H。在 51 单片机中，PC 又不能直接和位移量相加，如何办呢？处理时可以将这个差值加到累加器 A 中。上面的程序在把当前要转换的数字放于累加器 A 后，把差值 02H 加到累加器 A，然后执行查表指令，累加器 A 中就可得到相应的显示码。

9.2.4 多分支转移程序

在 51 单片机中，多分支转移（散转）程序通常可以用两种方法实现，一种是用多分支转移指令 JMP @A+DPTR 来实现，另一种是用 RET 指令来实现。

（1）采用多分支转移指令 JMP @A+DPTR 实现的多分支转移程序

JMP @A+DPTR 指令执行时，由数据指针寄存器 DPTR 的内容与累加器 A 中的内容相加得到转移的目的地址。用它来实现多分支时，先要构造一个无条件转移指令表，表首地址放

于 DPTR 中，累加器 A 中放转移的分支信息，然后执行 JMP@A+DPTR 指令就可以将之转移
到相应的分支去。

例 9-6 编写一个有 10 路分支的多分支转移程序，设分支号为 0~9，放在 R2 中。即当
(R2)=0，转向 OPR0；(R2)=1，转向 OPR1；…；(R2)=9，转向 OPR9。

先用无条件转移指令（AJMP 或 LJMP）按顺序构造一个转移指令表，执行转移指令表中
的第 n 条指令，就可以转移到第 n 个分支，将转移指令表的首地址装入 DPTR 中，将 R2 中
的分支信息装入累加器 A 中形成变址值。然后执行多分支转移指令 JMP @A+DPTR 转到转移
指令表的相应无条件转移指令，再通过无条件转移指令转移对应的分支。

程序代码如下。

```
MOV DPTR,#TAB      ;DPTR 指向转移指令表的首地址
MOV A,R2
RL  A              ;分支信息乘 2 形成变址值放累加器 A 中
JMP @A+DPTR        ;转到转移指令表的相应无条件转移指令
TAB:AJMP OPR0      ;转移指令表
AJMP OPR1
…
AJMP OPR9
```

在上面的例子中，转移指令表中的转移指令是由 AJMP 指令构成的，每条 AJMP 指令长
度为 2 字节，变址值的取得是通过分支信息乘以指令长度 2。

AJMP 指令的转移范围不超出 2KB，如果各分支程序比较长，在 2KB 范围内无法全部存
放，这时应改用 LJMP 指令构造转移指令表。每条 LJMP 指令长度为 3 字节，变址值应由分
支信息乘以 3。

程序代码如下。

```
ORG 0200H
MOV DPTR,#TAB      ;DPTR 指向转移指令表的首地址
MOV A,R2
MOV B,#3
MUL AB            ;分支信息乘 3 形成变址值放累加器 A 中
JMP @A+DPTR        ;转到转移指令表的相应无条件转移指令
TAB:LJMP OPR0      ;转移指令表
LJMP OPR1
LJMP OPR2
…
LJMP OPR9
```

（2）采用 RET 指令实现的多分支转移程序

用 RET 指令实现多分支转移程序的方法是：先把各个分支的目的地址按顺序组织成一张
地址表，在程序中用分支信息去查表，取得对应分支的目的地址，按先低字节、后高字节的
顺序压入堆栈，然后执行 RET 指令，执行后则转到对应的目的位置。

例 9-7 用 RET 指令实现根据 R2 中的分支信息转到各个分支程序的多分支转移程序。

设有 10 路分支，分支号 0~9 放在 R2 中。各分支的目的地址分别为 addr0、addr1、addr2…
addr9。

程序代码如下。

```
MOV DPTR,#TAB3      ;DPTR 指向目的地址表
MOV A,R2            ;分支信息存放于累加器 A 中
RL A                ;分支信息乘 2 得位移量
NEXT: INC A
MOV R3,A            ;变址放于 R3 中暂存，加 1 指向目的地址的低字节
MOVC A,@A+DPTR      ;取目的地址低 8 位
PUSH ACC            ;目的地址低 8 位入栈
MOV A,R3            ;取出 R3 中变址到累加器 A
DEC A               ;减 1 得到目的地址高 8 位单元的变址
MOVC A,@A+DPTR      ;取目的地址高 8 位
PUSH A              ;目的地址高 8 位入栈
RET                 ;转向目的地址
TAB3: DW addr0      ;目的地址表
DW addr1
…
DW addr9
```

上述程序执行后，将根据 R2 中的分支信息转移到对应的分支程序。

9.2.5 延时程序

每条指令执行都要占用一定的机器周期，延时程序通过执行多条指令来实现，一般采用循环结构。典型的延时程序如下。

例 9-8 下面是延时 10ms 的程序，设系统时钟频率为 12MHz。

```
DEL10ms: MOV R6,#20    ;1 个机器周期
DEL1:    MOV R7,#249   ;1 个机器周期
DJNZ R7,$              ;2 个机器周期
DJNZ R6,DEL1           ;2 个机器周期
RET                    ;2 个机器周期
```

系统时钟频率为 12MHz，则机器周期为 1μs。延时时间 T 计算如下。

$$T=[2+20\times(249\times2+1+2)+1]\times1\mu s=10.023ms$$

【任务实施】

一、硬件电路设计

在单片机监控系统中，对信号的监控由外部中断实现，单片机外部中断只有 INT0 和 INT1 两个，而监控信号通常有多个，这里就涉及多个中断源的处理，处理时往往使用中断加查询的方法。连接时，一方面把多路监控信号中断源通过"逻辑与"接于单片机外部中断引脚上，另一方面每一个中断源连接到一根并口线上，具体原理如图 9.6 所示。

这里用 4 个按键模拟 4 路监控信号，通过 4 输入的与门连接到 INT0 引脚上，监控信号正常情况为高电平，超限时变为低电平。4 路监控信号又分别和 P2 口的低 4 位并口线相连。

在该电路中，无论哪个中断源提出请求，系统都会响应 INT0 中断。响应后，进入中断服务程序，在中断服务程序中通过对并口线的逐一检测来确定是哪一个中断源提出了中断请求，进一步转到对应的中断服务程序入口位置执行对应的处理程序。通过 LED 显示相应监控

信号异常情况，产生中断，显示时间为 1s。如 pH 值超限发生时，pH 值超限指示灯亮 1s。

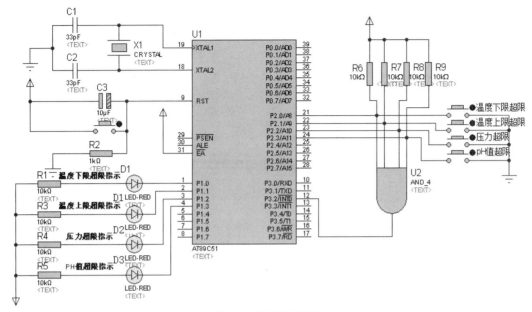

图 9.6　监控系统原理

二、软件设计

汇编语言程序代码如下。

```
        ORG 0000H
        LJMP MAIN
        ORG 0003H          ;外部中断 0 中断服务程序入口
        LJMP INT_0
MAIN:
        SETB IT0           ;外部中断 0 初始化
        SETB EA
        SETB EX0
START:                     ;等待中断
        MOV P1,#0FFH
        MOV P2,#0FFH
        SJMP START
INT_0:                     ;外部中断 0 中断程序
        PUSH ACC           ;保护现场
        PUSH PSW
        JNB P2.0,EXT0       ;查询中断源，转对应的中断服务子程序
        JNB P2.1,EXT1
        JNB P2.2,EXT2
        JNB P2.3,EXT3
EXIT:
        LCALL DELAY        ;延时 1s
        LCALL DELAY
        POP PSW            ;恢复现场
        POP ACC
        RETI
```

```
EXT0:   CLR P1.0            ;温度上限超限中断程序
        SJMP EXIT
EXT1:   CLR P1.1            ;温度下限超限中断程序
        SJMP EXIT
EXT2:   CLR P1.2            ;压力超限中断程序
        SJMP EXIT
EXT3:   CLR P1.3            ;pH值超限中断程序
        SJMP EXIT
DELAY:  MOV R7,#250         ;延时0.5s程序
D1:     MOV R6,#250
D2:     NOP
        NOP
        NOP
        NOP
        NOP
        NOP
        DJNZ R6,D2
        DJNZ R7,D1
        RET
        END
```

【任务总结与评价】

1. 任务总结

本任务介绍了汇编程序设计常见代码段，并以单片机最小系统、参数超限指示灯及其上拉电阻、参数超限按键（模拟监控信号源）及其上拉电阻、与门一起构成了参数监控系统的硬件，通过汇编程序设计实现了其软件功能。

2. 任务评价

本任务的考核评价体系如表9.2所示。

表9.2　任务9.2考核评价体系

班　　级		项目任务			
姓　　名		教　　师			
学　　期		评分日期			
评分内容（满分100分）			学生自评	同学互评	教师评价
专业技能（70分）	理论知识（20分）				
	程序设计（40分）				
	任务汇报（10分）				
综合素养（30分）	遵守现场操作的职业规范（10分）				
	信息获取的能力（10分）				
	团队合作精神（10分）				
各项得分					
综合得分（学生自评30%，同学互评30%、教师评价40%）					

项目10
单片机综合应用实例

【学习目标】

知识目标	1. 了解 DS1302 芯片的引脚、存储器等有关知识； 2. 掌握单片机与 DS1302 芯片的接口电路； 3. 理解电子时钟的常见功能程序代码段； 4. 了解 DS18B20 芯片的结构、引脚、存储器等有关知识； 5. 了解 DS18B20 的温度值转换过程； 6. 掌握单片机与 DS18B20 芯片的接口电路； 7. 理解多点温度测量系统的常见功能程序代码段。
能力目标	1. 能利用单片机进行电子时钟的硬件电路设计、软件编程、软硬件调试及仿真； 2. 能利用单片机进行多点温度测量系统的硬件电路设计、软件编程、软硬件调试及仿真； 3. 能根据给定芯片及其技术资料，利用 Proteus、Keil 等软件实现一定功能的单片机装置设计及仿真，通过实物制作使装置具备实用性。
素质目标	1. 培养实事求是的工作态度，养成不骄不躁的做事风格； 2. 培养积极主动、虚心请教、及时总结的学习习惯； 3. 通过项目实施，强调规范接线，弘扬工匠精神，树立电子产品节能环保的意识。

【项目导读】

在日常生活中，电子时钟、温度测量都与我们密切相关，很多地方会用到。电子时钟和多点温度测量系统的设计相对前面介绍的项目较综合而复杂，本项目通过介绍这两个系统的设计与仿真的过程，对单片机及其常见芯片的综合应用进行展示，尤其是对程序的设计及其代码的实现进行展示和分析，体现了功能化、模块化的设计思想。本项目的知识导图如图 10.1 所示。

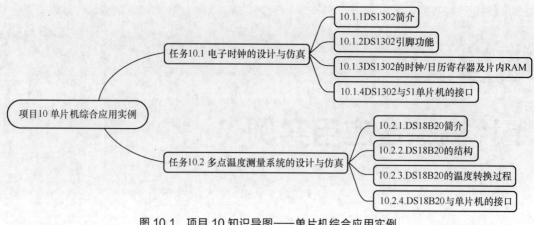

图 10.1　项目 10 知识导图——单片机综合应用实例

任务 10.1　电子时钟的设计与仿真

【任务描述】

本任务要求设计一个电子时钟装置，包括硬件部分与软件部分的设计，通过 Keil、Proteus 平台实现系统编程仿真，用 LCD1602 显示设计效果。

【知识链接】

电子时钟在日常生活中广泛应用，如家用电器、工业过程控制系统等。

10.1.1　DS1302 简介

DS1302 是 Dallas 公司推出的高性能低功耗芯片，内含 1 个实时时钟/日历寄存器和 31 字节静态 RAM，实时时钟/日历寄存器能提供 2100 年之前的秒、分、时、日、星期、月、年等信息，每月的天数和闰年的天数可自动调整，时钟操作可通过 AM/PM 指示决定采用 24 小时或 12 小时格式。内部 31 字节静态 RAM 可提供用户访问。对时钟/日历寄存器、RAM 的读写，可以采用单字节方式或多达 31 字节的字符组方式；工作电压范围宽，为 2.0～5.5V；与 TTL 兼容，V_{CC}=5V；温度范围宽，可在-40～85℃正常工作；采用主电源和备份电源双电源供电，备份电源可由电池或大容量电容器实现；功耗很低，保持数据和时钟信息时功率小于 1mW。

10.1.2　DS1302 引脚功能

DS1302 可采用 8 脚 DIP 封装或 SOIC 封装，其引脚如图 10.2 所示。

引脚功能如下。

X1、X2：32.768kHz 晶振接入引脚。

GND：地。

$\overline{\text{RST}}$：复位引脚，低电平有效。

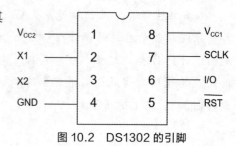

图 10.2　DS1302 的引脚

I/O：数据 I/O 引脚，具有三态功能。

SCLK：串行时钟输入引脚。

V_{CC1}：电源 1 引脚。

V_{CC2}：电源 2 引脚。

在单电源与电池供电的系统中，V_{CC1} 提供低电源并提供低功率的备用电源。在双电源系统中，V_{CC2} 提供主电源，V_{CC1} 提供备用电源，以便在没有主电源时能保存时间信息及数据，DS1302 由 V_{CC1} 和 V_{CC2} 两者中较大的供电。DS1302 与单片机之间能简单地采用同步串行方式进行通信，通信只需 RST（复位线）、I/O（数据线）和 SCLK（串行时钟）3 根信号线。

10.1.3 DS1302 的时钟/日历寄存器及片内 RAM

DS1302 有 1 个控制寄存器、12 个时钟/日历寄存器和 31 个片内 RAM。

1. 控制寄存器

控制寄存器用于存放 DS1302 的控制命令字，DS1302 的 $\overline{\text{RST}}$ 引脚回到高电平后写入的第一个字就为控制命令字。控制寄存器用于对 DS1302 的读写过程进行控制，格式如表 10.1 所示。

10.1.3

表 10.1　控制寄存器的格式

D7	D6	D5	D4	D3	D2	D1	D0
1	RAM/$\overline{\text{CK}}$	A4	A3	A2	A1	A0	RD/$\overline{\text{W}}$

各项功能说明如下。

D7：固定为 1。

D6：RAM/$\overline{\text{CK}}$ 位，片内 RAM 或时钟/日历寄存器选择位，当 RAM/$\overline{\text{CK}}$=1 时，对片内 RAM 进行读写；当 RAM/$\overline{\text{CK}}$=0 时，对时钟/日历寄存器进行读写。

D5～D1：地址位，用于选择进行读写的时钟/日历寄存器或片内 RAM。时钟/日历寄存器或片内 RAM 的选择如表 10.2 所示。

表 10.2　时钟/日历寄存器或片内 RAM 的选择

寄存器名称	D7	D6	D5	D4	D3	D2	D1	D0
	1	RAM/$\overline{\text{CK}}$	A4	A3	A2	A1	A0	RD/$\overline{\text{W}}$
秒寄存器	1	0	0	0	0	0	0	0 或 1
分寄存器	1	0	0	0	0	0	1	0 或 1
小时寄存器	1	0	0	0	0	1	0	0 或 1
日寄存器	1	0	0	0	0	1	1	0 或 1
月寄存器	1	0	0	0	1	0	0	0 或 1
星期寄存器	1	0	0	0	1	0	1	0 或 1
年寄存器	1	0	0	0	1	1	0	0 或 1

续表

寄存器名称	D7	D6	D5	D4	D3	D2	D1	D0
	1	RAM/$\overline{CK}$	A4	A3	A2	A1	A0	RD/$\overline{W}$
写保护寄存器	1	0	0	0	1	1	1	0 或 1
涓流充电寄存器	1	0	0	1	0	0	0	0 或 1
时钟突发模式	1	0	1	1	1	1	1	0 或 1
RAM0	1	1	0	0	0	0	0	0 或 1
……	1	1	……	……	……	……	……	0 或 1
RAM30	1	1	1	1	1	1	0	0 或 1
RAM 突发模式	1	1	1	1	1	1	1	0 或 1

D0：读写位，当 RD/$\overline{W}$=1 时，对时钟/日历寄存器或片内 RAM 进行读操作；当 RD/$\overline{W}$=0 时，对时钟/日历寄存器或片内 RAM 进行写操作。

2. 时钟/日历寄存器

DS1302 共有 12 个寄存器，其中有 7 个与时钟/日历相关，存放的数据为 BCD 码形式。时钟/日历寄存器的格式如表 10.3 所示。

表 10.3 时钟/日历寄存器的格式

寄存器名称	取值范围	D7	D6	D5	D4	D3	D2	D1	D0
秒寄存器	00～59	CH	秒的十位数			秒的个位数			
分寄存器	00～59	0	分的十位数			分的个位数			
小时寄存器	01～12 或 00～23	1/0	0	1/0	小时的十位数	小时的个位数			
日寄存器	01～31	0	0	日的十位数		日的个位数			
月寄存器	01～12	0	0	0	月的十位数	月的个位数			
星期寄存器	01～07	0	0	0	0	星期几			
年寄存器	01～99	年的十位数				年的个位数			
写保护寄存器		WP	0	0	0	0	0	0	0
涓流充电寄存器		TCS	TCS	TCS	TCS	DS	DS	RS	RS
时钟突发模式									

说明如下。

（1）数据都以 BCD 码形式表示。

（2）小时寄存器的 D7 位为 12 小时制/24 小时制的选择位，为 1 时选 12 小时制，为 0 时选 24 小时制。当为 12 小时制时，D5 位为 1 是上午，D5 位为 0 是下午，D4 位为小时的十位数。当为 24 小时制时，D5、D4 位为小时的十位数。

（3）秒寄存器中的 CH 位为时钟暂停位，为 1 时，时钟暂停；为 0 时，时钟启动。

（4）写保护寄存器中的 WP 为写保护位，当 WP=1 时，写保护；当 WP=0 时，未写保护。当对时钟/日历寄存器或片内 RAM 进行写时，WP 应清零；当对时钟/日历寄存器或片内 RAM

进行读时，WP 一般置 1。

（5）涓流充电寄存器的 TCS 位控制涓流充电特性，当它为 1010 时涓流充电器才工作。DS 为二极管选择位。DS 为 01 选择一个二极管，DS 为 10 选择两个二极管，DS 为 11 或 00 充电器被禁止，与 TCS 无关。RS 用于选择连接在 V_{CC2} 与 V_{CC1} 之间的电阻器，RS 为 00，充电器被禁止，与 TCS 无关，电阻器选择情况如表 10.4 所示。

表 10.4　RS 对电阻器的选择情况

RS 位	电阻器	阻值
00	无	无
01	R1	2kΩ
10	R2	4kΩ
11	R3	8kΩ

3. 片内 RAM

DS1302 有 31 个片内 RAM 单元，对片内 RAM 的操作有单字节方式和多字节方式两种。当控制命令字为 C0H ~ FDH 时为单字节读写方式，命令字中的 D5 ~ D1 用于选择对应的 RAM 单元，其中奇数为读操作，偶数为写操作。当控制命令字为 FEH、FFH 时为多字节操作，多字节操作可一次对所有的 RAM 单元内容进行读写。FEH 为写操作，FFH 为读操作。

4. DS1302 的 I/O 过程

DS1302 通过 RST 引脚驱动 I/O 过程，当 RST 置高电平启动 I/O 过程。在 SCLK 时钟的控制下，首先把控制命令字写入 DS1302 的控制寄存器，其次根据写入的控制命令字依次读写内部寄存器或片内 RAM 单元的数据。对于时钟/日历寄存器，根据控制命令字，一次可以读写一个时钟/日历寄存器。对所有的时钟/日历寄存器，写的控制命令字为 0BEH，读的控制命令字为 0BFH。对于片内 RAM 单元，根据控制命令字，可一次读写 1 字节，也可一次读写 31 字节。当数据读写完后，RST 变为低电平结束 I/O 过程。无论是控制命令字还是数据，一个字节传送时都是低位在前、高位在后，每一位的读写发生在时钟的上升沿。

10.1.4　DS1302 与 51 单片机的接口

DS1302 与 51 单片机的连接电路如图 10.3 所示。

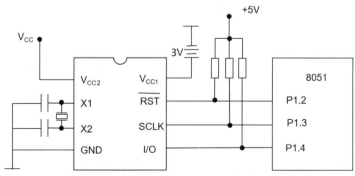

图 10.3　DS1302 与 51 单片机的连接电路

　　DS1302 的 X1 和 X2 接 32kHz 晶体，V_{CC2} 接主电源 V_{CC}，V_{CC1} 接备用电源（3V 的电池）。
51 单片机与 DS1302 连接只需要 3 条线：复位线 RST 与 P1.2 相连，时钟线 SCLK 与 P1.3 相
连，数据线 I/O 与 P1.4 相连。C 语言部分接口程序如下。

```c
#include <reg51.h>
#include <intrins.h>
sbit T_RST=PI^2;//DS1302复位线引脚
sbit T_CLK=P1^3;//DS1302时钟线引脚
sbit T_IO= P1^4;//DS1302数据线引脚
...
//往DS1302写入1字节数据
void WriteB(uchar ucDa)
{
  uchar i; ACC=ucDa;
  for(i=8; i>0;i--)
  {
    T_IO=ACC0;  //相当于汇编语言中的RRC
    T_CLK =1; T_CLK =0;
    ACC=ACC >> 1;
  }
}
//从DS1302 读取1字节数据
uchar ReadB(void)
{
  uchar i;
  for(i=8; i>0; i--)
  {
    ACC=ACC >>1;
    ACC7 =T_IO;T_CLK =1;T_CLK =0;  //相当于汇编语言中的RRC
  }
  return (ACC);
}
//DS1302单字节写,向指定单元写命令/数据,ucAddr为DS1302地址
//ucDa为要写的命令/数据
void v_W1302(uchar ucAddr,uchar ucDa)
{
  T_RST=0; T_CLK=0;
  nop_();_nop_();
  T_RST=1;
  nop_();_nop_();
  writeB(ucAddr);   /*地址,命令*/
  writeB(ucDa);     /*写1字节数据*/
  T_CLK=1; T_RST=0;
}
//DS1302 单字节读,从指定地址单元读出的数据
uchar uc_R1302(uchar ucAddr)
{
  uchar ucDa=0;
  T_RST=0;T_CLK=0; T_RST=1;
  writeB(ucAddr);   /*写地址*/
  ucDa=ReadB();     /*读1字节命令/数据*/
  T_CLK=1;T_RST=0;
  return(ucDa);
}
```

【任务实施】

一、总体方案设计

单片机电子时钟系统，主要包括单片机最小系统，以及 DS1302 芯片模块、LCD1602 显示模块、时钟设置按键及限流电阻器模块组成的硬件和相应的软件部分。单片机电子时钟系统的方框图如图 10.4 所示。

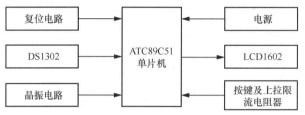

任务 10.1　任务实施

图 10.4　单片机电子时钟系统的方框图

二、硬件电路设计

单片机采用 AT89C51，系统时钟采用 12MHz 的晶振，时钟芯片采用 DS1302，显示器采用 LCD1602，DS1302 复位线 RST 与 AT89C51 单片机的 P1.2 相连，时钟线 SCLK 与 P1.3 相连，数据线 I/O 与 P1.4 相连，DS1302 的 X1 和 X2 接 32kHz 晶体，V_{CC2} 接主电源 V_{CC}，V_{CC1} 接备用电源（3V 的电池）。LCD1602 的数据线与 AT89C51 的 P2 口相连，RS 与 P1.7 相连，R/W 与 P1.6 相连，E 端与 P1.5 相连。具体原理如图 10.5 所示。

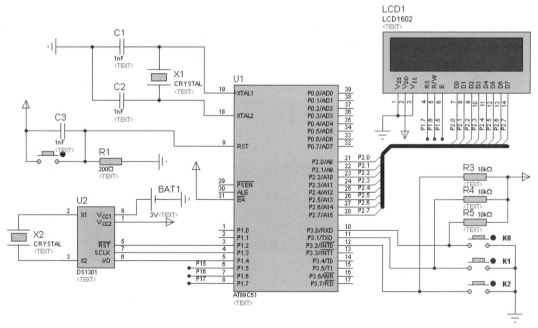

图 10.5　单片机电子时钟原理

另外，根据需要，设置了 3 个按键（K0、K1 和 K2），采用独立式键位结构，通过 P1 口低 3 位相连。K0 为模式选择键，K1 为加 1 键，K2 为减 1 键。K0 没有被按下，则正常走时；K0 被按下第一次，则可调年；被按下第二次，则可调月；被按下第三次，则可调日；被按下第四次，则可调小时；被按下第五次，则可调分；被按下第六次，则回到正常走时。

三、软件设计

（1）根据系统的功能，软件程序划分为以下几个部分：主程序、DS1302 驱动程序、LCD 驱动程序。主程序中调用 DS1302 驱动程序、LCD 驱动程序和独立式键盘处理程序。

主程序流程如下：先是将 LCD 初始化，在 LCD 显示日期和时间的提示信息，进入死循环，在循环中先判断是否有键被按下，如按下 K0 键，则功能单元加 1；如按下 K1 键，则根据功能单元的内容把日期、时间相应位加 1；如按下 K2 键，则根据功能单元的内容把日期、时间相应位减 1，并把修改后的日期、时间写入 DS1302（在这个过程中注意日期、时间的数据格式的转换）。然后读 DS1302 时钟/日历寄存器，读出的内容存入日期、时间缓冲区；最后把日期、时间缓冲区数据转化为 ASCII 放入 LCD 显示缓冲区，并调用 LCD 显示程序显示。

（2）程序设计与实现。C 语言参考源程序如下。

```c
#include <reg51.h>
#include <absacc.h>  //定义绝对地址访问
#include <intrins.h>
#define uchar unsigned char
#define uint unsigned int
sbit T_CLK=P1^3; //DS1302 时钟线引脚
sbit T_IO=P1^4;  //DS1302 数据线引脚
sbit T_RST=P1^2; //DS1302 复位线引脚
sbit RS=P1^7;          //定义 LCD 的控制线
sbit RW=P1^6;
sbit EN=P1^5;
sbit key0=P3^0;  //定义按键
sbit key1=P3^1;
sbit key2=P3^2;
sbit ACC7=ACC^7;
sbit ACC0=ACC^0;
uchar datechar[]=("DATE:");
uchar timechar[]=("TIME:");
uchar datebuffer[8]={0,0,0x2d,0,0,0x2d,0,0}; //定义日历显示缓冲区
uchar timebuffer[8]={0,0,0x3a,0,0,0x3a,0,0}; //定义时间显示缓冲区
uchar data ttime[3]={0x00,0x00,0x00};          //分别为秒、分和小时的值
uchar data tdata[3]={0x00,0x00,0x00};          //分别为年、月、日的值
//往 DS1302 写入 1 字节数据
void WriteB(uchar ucDa)
{
 uchar i;
 ACC=ucDa;
 for(i=8; i>0;i--)
 {
     T_IO=ACC0;  //相当于汇编语言中的 RRC
     T_CLK=1; T_CLK=0;
     ACC=ACC>>1;
 }
}
//从 DS1302 读取 1 字节数据
uchar ReadB(void)
{
```

```
        uchar i;
        for(i=8;i>0;i--)
        {
            ACC=ACC>>1;
            ACC7=T_IO;T_CLK=1;T_CLK=0;    //相当于汇编语言中的 RRC
        }
        return(ACC);
}
//DS1302 单字节写，向指定单元写命令/数据，ucAddr 为 DS1302 地址
//ucDa 为要写的命令/数据
void v_W1302(uchar ucAddr,uchar ucDa)
{
    T_RST=0; T_CLK=0;
    _nop_();_nop_();
    T_RST=1;
    _nop_();_nop_();
    WriteB(ucAddr);              /*地址，命令*/
    WriteB(ucDa);                /*写 1 字节数据*/
    T_CLK=1;
    T_RST=0;
}
//DS1302 单字节读，从指定地址单元读出的数据
uchar uc_R1302(uchar ucAddr)
{
    uchar ucDa=0;
    T_RST=0;T_CLK=0;
    T_RST=1;
    WriteB(ucAddr);              /*写地址*/
    ucDa=ReadB();                /*读 1 字节命令/数据*/
    T_CLK=1;T_RST=0;
    return(ucDa);
}
//LCD 检查忙函数
void fbusy()
{
    P2=0xff;
    RS=0;
    RW=1;
    EN=1;
    EN=0;
    while((P2&0x80))
    {
     EN=0;EN=1;
    }
}
//LCD 写命令函数
void wc51r(uchar j)
{
    fbusy();
    EN=0;
    RS=0;RW=0;
    EN=1;
    P2=j;
    EN=0;
}
```

单片机应用技术教程（基于Keil与Proteus）（微课版）

```
//LCD 写数据函数
void wc51ddr(uchar j)
{
    fbusy();                    //读状态
    EN=0;
    RS=1;RW=0;
    EN=1;
    P2=j;
    EN=0;
}
void init()                     //LCD1602 初始化
{
    wc51r(0x01);                //清屏
    wc51r(0x38);                //使用 8 位数据，显示两行，使用 5×7 的字型
    wc51r(0x0c);                //显示器开，光标开，字符不闪烁
    wc51r(0x06);                //字符不动，光标自动右移一格
}
void delay(uint i)              //延时函数
{
    uint y,j;
    for(j=0;j<i;j++)
    {
        for(y=0;y<0xff;y++) {;}
    }
}
void main(void)
{
    uchar i,set;
    uchar data temp;
    SP=0x50;
    delay(10);
    init();
    wc51r(0x80);
    for (i=0;i<5;i++) wc51ddr(datechar[i]);      //第一行开始显示 DATE:
    wc51r(0xc0);
    for (i=0;i<5;i++) wc51ddr(timechar[i]);      //第二行开始显示 TIME:
    while(1)
    {
        P3=0xff;
        if(key0==0)
        {
            delay(10) ;
            if(key0==0){ while(key0==0); set++; if(key0==6) set=0; }
        }
        if(key1==0)
        {
            delay(10);                            //如果是加 1 键，则时钟/日历相应位加 1
            if(key1==0)    {while(key1==0);
            switch(set)
            {
                case 1:
                tdata[0]++;if(tdata[0]==100)tdata[0]=0;
                temp=(tdata[0]/10)*16+tdata[0]%10;
                v_W1302(0x8e,0);
                v_W1302(0x8c,temp);
```

206

```
                    v_W1302(0x8e,0x80);
                    break;
                    case 2:
                    tdata[1]++;if(tdata[1]==13)tdata[1]=1;
                    temp=(tdata[1]/10)*16+tdata[1]%10;
                    v_W1302(0x8e,0);
                    v_W1302(0x88,temp);
                    v_W1302(0x8e,0x80);
                    break;
                    case 3:
                    tdata[2]++;if(tdata[2]==32)tdata[2]=1;
                temp=(tdata[2]/10)*16+tdata[2]%10;
                    v_W1302(0x8e,0);
                    v_W1302(0x86,temp);
                    v_W1302(0x8e,0x80);
                    break;
                    case 4:
                    ttime[2]++;if(ttime[2]==24) ttime[2]=0;
                    temp=(ttime[2]/10)*16+ttime[2]%10;
                    v_W1302(0x8e,0);
                    v_W1302(0x84,temp);
                    v_W1302(0x8e,0x80);
                    break;
                    case 5:
                    ttime[1]++;if(ttime[1]==60)ttime[1]=0;
                    temp=(ttime[1]/10)*16+ttime[1]%10;
                    v_W1302(0x8e,0);
                    v_W1302(0x82,temp);
                    v_W1302(0x8e,0x80);
                    break;
            }
        }
}
if(key2==0)
{
    delay(10);                    //如果是减1键，则时钟/日历相应位减1
    if(key2==0){while(key2==0);
    switch(set){
    case 1:
        tdata[0]--;if(tdata[0]==0xff) tdata[0]=99;
        temp=(tdata[0]/10)*16+tdata[0]%10;
         v_W1302(0x8e,0);
        v_W1302(0x8c,temp);
        v_W1302(0x8e,0x80);
        break;
    case 2:
        tdata[1]--;if(tdata[1]==0x00) tdata[1]=12;
        temp=(tdata[1]/10)*16+tdata[1]%10;
        v_W1302(0x8e,0);
        v_W1302(0x88,temp);
        v_W1302(0x8e,0x80);
        break;
    case 3:
        tdata[2]--;if(tdata[2]==0x00) tdata[2]=31;
        temp=(tdata[2]/10)*16+tdata[2]%10;
```

```
                    v_W1302(0x8e,0);
                    v_W1302(0x86,temp);
                    v_W1302(0x8e,0x80);
                    break;
            case 4:
                    ttime[2]--;if(ttime[2]==0xff) ttime[2]=23;
                    temp=(ttime[2]/10)*16+ttime[2]%10;
                    v_W1302(0x8e,0);
                    v_W1302(0x84,temp);
                    v_W1302(0x8e,0x80);
                    break;
            case 5:
                    ttime[1]--;if(ttime[1]==0xff) ttime[1]=59;
                    temp=(ttime[1]/10)*16+ttime[1]%10;
                    v_W1302(0x8e,0);
                    v_W1302(0x82,temp);
                    v_W1302(0x8e,0x80);
                    break;
                    }
            }
    }
    temp=uc_R1302(0x8d); //读年，分成十位数和个位数，转换成字符放入日历显示缓冲区
    tdata[0]=(temp/16)*10+temp%16;         //存入年单元
    datebuffer[0]=0x30+temp/16;datebuffer[1]=0x30+temp%16;
    temp=uc_R1302(0x89); //读月，分成十位数和个位数，转换成字符放入日历显示缓冲区
    tdata[1]=(temp/16)*10+temp%16;         //存入月单元
    datebuffer[3]=0x30+temp/16;datebuffer[4]=0x30+temp%16;
    temp=uc_R1302(0x87); //读日，分成十位数和个位数，转换成字符放入日历显示缓冲区
    tdata[2]=(temp/16)*10+temp%16;         //存入日单元
    datebuffer[6]=0x30+temp/16;datebuffer[7]=0x30+temp%16;
    temp=uc_R1302(0x85); //读时，分成十位数和个位数，转换成字符放入时间显示缓冲区
    temp=temp&0x7f;
    ttime[2]=(temp/16)*10+temp%16;         //存入小时单元
    timebuffer[0]=0x30+temp/16;timebuffer[1]=0x30+temp%16;
    temp=uc_R1302(0x83); //读分，分成十位数和个位数，转换成字符放入时间显示缓冲区
    ttime[1]=(temp/16)*10+temp%16;         //存入分单元
    timebuffer[3]=0x30+temp/16;timebuffer[4]=0x30+temp%16;
    temp=uc_R1302(0x81); //读秒，分成十位数和个位数，转换成字符放入时间显示缓冲区
    temp= temp&0x7f;
    ttime[0]=(temp/16)*10+temp%16;
    timebuffer[6]=0x30+temp/16;timebuffer[7]=0x30+temp%16;
    wc51r(0x86);                    //第一行后面显示日历
    for(i=0;i<8;i++)wc51ddr(datebuffer[i]);
    wc51r(0xc6);                    //第二行后面显示时间
    for(i=0;i<8;i++)wc51ddr(timebuffer[i]);
    }
}
```

（3）利用 Proteus 仿真软件对系统进行电路仿真，如图 10.6 所示。

四、系统调试

1. 硬件调试

硬件是系统的基础，只有硬件能够全部正常工作后才能在此基础上加载软件，从而实现系统功能。

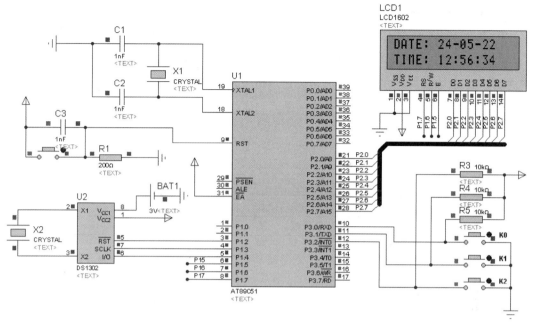

图 10.6　单片机电子时钟系统的电路仿真

电源部分提供整个电路所需的各种电压，因此，首先确定电源电压是否正确，其次确定单片机的电源引脚电压是否正确，然后确定是不是所有的接地引脚都接了地。如果单片机有内核电压的引脚，需测试内核电压是否正确。随后测量晶振有没有起振，一般晶振起振时两个引脚都会有 1V 左右的电压。接着检查复位电路是否正常。注意测量单片机的 ALE 引脚，看是否有脉冲波输出（51 单片机的 ALE 引脚信号为地址锁存信号，每个机器周期输出两个正脉冲），从而判断单片机是否工作。最后检查数码管是否完好或接好。

2．软件调试

如果检查硬件电路后确定没有问题却实现不了设计要求，则可能是软件编程的问题。首先应检查主程序，然后是分段程序，要注意逻辑顺序、调用关系，以及涉及的标号，有时会因为一个标号而影响程序的执行。除此之外，还要熟悉各指令的用法，以免出错。还有一个容易忽略的问题，即源程序生成的代码是否已输入单片机中，如果这一过程遗漏，那肯定不能实现设计要求。

3．软硬件联调

软件调试主要是在编写系统软件时涉及，一般使用 Keil 进行软件的编写和调试。编写软件时首先要分清软件应该分成哪些部分，不同的部分分开编写调试是最方便的。

在硬件调试和软件调试均正确的前提下，再进行软硬件联调。首先将调试好的软件通过下载器下载到单片机，然后上电查看运行结果。观察系统是否达到预期设计效果，如果未达到，先利用示波器观察单片机的时钟电路，看是否有信号，因为时钟电路是单片机工作的前提，所以一定要保证时钟电路正常。如果不能分析出是硬件问题还是软件问题，就重新检查软硬件及接线。一般情况下硬件问题可以通过万用表等工具检测出来，如果硬件没有问题，则必然是软件问题，就应该重新检查软件，重复上述过程，直至达到预期设计效果。

【任务总结与评价】

1. 任务总结

本任务以单片机最小系统为基础，外置 DS1302 芯片、液晶显示器、按键及其上拉电阻，构成硬件系统；通过软件编程，实现液晶显示电子时钟的功能。电子时钟设计的软件部分相对复杂，其程序设计的思路有很强的指导意义。

2. 任务评价

本任务的考核评价体系如表 10.5 所示。

表 10.5　任务 10.1 考核评价体系

班　级		项目任务			
姓　名		教　师			
学　期		评分日期			
评分内容（满分 100 分）			学生自评	同学互评	教师评价
专业技能（70 分）	理论知识（20 分）				
	硬件系统的搭建（10 分）				
	程序设计（10 分）				
	仿真实现（20 分）				
	任务汇报（10 分）				
综合素养（30 分）	遵守现场操作的职业规范（10 分）				
	信息获取的能力（10 分）				
	团队合作精神（10 分）				
各项得分					
综合得分（学生自评 30%，同学互评 30%、教师评价 40%）					

任务 10.2　多点温度测量系统的设计与仿真

【任务描述】

本任务要求设计一个多点温度测量系统，包括硬件部分与软件部分的设计，通过 Keil、Proteus 平台实现系统编程仿真，用 LCD1602 显示设计效果。

【知识链接】

温度测量在电子测温计、医疗设备、家用电器、工业控制等各种控制系统中广泛应用。

10.2.1　DS18B20 简介

DS18B20 是 Dallas 半导体公司生产的单总线数字温度传感器芯片，3 引脚 TO-92 小体积封装；温度测量范围为−55～125℃；可编程为 9～12 位 A/D 转换精度；用户可自行设定非易失性报警上下限值；被测温度用 16 位补码方式串行输出；测温精度可达 0.0625℃；其工作电源既可在远端引入，也可采用寄生电源方式产生；多个 DS18B20 可以并联到 3 根或 2 根线上，因此 CPU 只需一根端口线就能与诸多 DS18B20 通信。

10.2.2　DS18B20 的结构

DS18B20 外部可采用 3 脚 TO-92 小体积封装和 8 脚 SOIC 封装。其引脚定义如下。

DQ：数字信号 I/O 端。

GND：电源地。

V_{DD}：外接供电电源输入端（在寄生电源接线方式下接地）。

DS18B20 内部主要由 4 部分组成：64 位光刻 ROM、温度传感器、非易失性温度报警触发器 TH 和 TL、配置寄存器等。DS18B20 的存储部件有以下两种。

1. 64 位 ROM

64 位 ROM 中存放的是 64 位序列号，出厂前已被设置好，它可以看作相应 DS18B20 的地址序列号。不同的器件地址序列号不同。64 位序列号的排列是：开始 8 位（28H）是产品类型标号，接着的 48 位是该 DS18B20 自身的序列号，最后 8 位是前面 56 位的循环冗余校验（CRC）码。64 位 ROM 的作用是使每一个 DS18B20 都不相同，这样就可以达到一根总线上挂接多个 DS18B20 的目的。

2. 高速暂存存储器

高速暂存存储器由 9 个字节组成，其分配如表 10.6 所示。第 0 个和第 1 个字节存放转换所得的温度值；第 2 个和第 3 个字节分别为高温度触发器 TH 和低温度触发器 TL；第 4 个字节为配置寄存器；第 5、6、7 个字节保留；第 8 个字节为 CRC 寄存器。

表 10.6　DS18B20 高速暂存存储器字节的分配

字节序号	功　能
0	温度值转换后的低字节
1	温度值转换后的高字节
2	高温度触发器 TH
3	低温度触发器 TL
4	配置寄存器
5	保留
6	保留
7	保留
8	CRC 寄存器

DS18B20 中的温度传感器可完成对温度的测量，当温度值转换指令发布后，转换后的温度值以补码形式存放在高速暂存存储器的第 0 个和第 1 个字节中。以 12 位转化为例：用 16 位符号扩展的二进制补码形式提供，以 0.0625/LSB 形式表示，单位为℃。表 10.7 是 12 位转化后得到的 12 位数据，其中 S 为符号位，即高字节的前 5 位是符号位，如果测得的温度大于 0，这 5 位为 0，将测到的数值乘 0.0625 即可得到实际温度；如果温度小于 0，这 5 位为 1，将测得的数值取反加 1 再乘 0.0625 即可得到实际温度。

表 10.7　DS18B20 温度值格式

	D7	D6	D5	D4	D3	D2	D1	D0
低字节位	2^3	2^2	2^1	2^0	2^{-1}	2^{-2}	2^{-3}	2^{-4}
	D7	D6	D5	D4	D3	D2	D1	D0
高字节位	S	S	S	S	S	2^6	2^5	2^4

例如，125℃的数字输出为 07D0H，25.0625℃的数字输出为 0191H，−25.0625℃的数字输出为 FE6FH，−55℃的数字输出为 FC90H。表 10.8 列出了 DS18B20 部分温度值与采样数据的对应关系。

表 10.8　DS18B20 部分温度值与采样数据的对应关系

温度/℃	16 位二进制编码	十六进制表示
125	0000 0111 1101 0000	07D0H
85	0000 0101 0101 0000	0550H
25.0625	0000 0001 1001 0001	0191H
10.125	0000 0000 1010 0010	00A2H
0.5	0000 0000 0000 1000	0008
0	0000 0000 0000 0000	0000H
−0.5	1111 1111 1111 1000	FFF8H
−10.125	1111 1111 0101 1110	FF5EH
−25.0625	1111 1110 0110 1111	FE6FH
−55	1111 1100 1001 0000	FC90H

高温度触发器和低温度触发器分别存放温度报警的上限值 TH 和下限值 TL；DS18B20 完成温度值转换后，就把转换后的温度值 T 与温度报警的上限值 TH 和下限值 TL 做比较，若 T>TH 或 T<TL，则把该器件的报警标志置位，并对主机发出的告警搜索指令做出响应。

配置寄存器用于确定温度值的数字转换分辨率，该字节各位的意义如表 10.9 所示。

表 10.9　DS18B20 的内部结构

D7	D6	D5	D4	D3	D2	D1	D0
TM	R1	R0	1	1	1	1	1

其中，低 5 位一直都是 1；TM 是测试模式位，用于设置 DS18B20 是在工作模式还是在测试模式，在 DS18B20 出厂时该位被设置为 0，用户不要去改动；R1 和 R0 用来设置分辨率，如表 10.10 所示（DS18B20 出厂时分辨率被设置为 12 位）。

表 10.10　温度值分辨率设置

R1	R0	分辨率/位	温度最大转换时间/ms
0	0	9	93.75
0	1	10	187.5
1	0	11	275.00
1	1	12	750.00

CRC 寄存器存放的是前 8 个字节的 CRC 码。

10.2.3　DS18B20 的温度值转换过程

10.2.3

根据 DS18B20 的通信协议，主机控制 DS18B20 完成温度值转换必须经过 3 个步骤：每一次读写之前都要对 DS18B20 进行复位，复位成功后发送一条 ROM 指令，最后发送 RAM 指令，这样才能对 DS18B20 进行预定的操作。DS18B20 的 ROM 指令和 RAM 指令如表 10.11 和表 10.12 所示。

表 10.11　DS18B20 的 ROM 指令

指　　令	约定代码	功　　能
读 ROM	33H	读 DS18B20 温度传感器 ROM 中的编码（即 64 位地址）
匹配 ROM	55H	发出此指令之后，接着发出 64 位 ROM 编码，访问单总线上与该编码相对应的 DS18B20 使之做出响应，为下一步对该 DS18B20 的读写做准备
搜索 ROM	F0H	用于确定挂接在同一总线上 DS18B20 的个数和识别 64 位 ROM 地址。为操作各器件做好准备
跳过 ROM	CCH	忽略 64 位 ROM 地址，直接向 DS18B20 发温度值转换指令
告警搜索	ECH	执行后只有温度超过设定值上限或下限的片子才做出响应

表 10.12　DS18B20 的 RAM 指令

指　　令	约定代码	功　　能
温度值转换	44H	启动 DS18B20 进行温度值转换，12 位转换时最长为 750ms（9 位为 93.75ms）。结果存入内部 9 字节 RAM 中
读暂存器	BEH	读内部 RAM 中 9 字节的内容
写暂存器	4EH	发出向内部 RAM 的第 3、4 字节写上、下限温度数据指令，紧跟该指令之后，是传送 2 字节的数据
复制暂存器	48H	将 RAM 中第 3、4 字节的内容复制到 EEPROM（电擦除可编程只读存储器）中
重调 EEPROM	B8H	将 EEPROM 中的内容恢复到 RAM 中的第 3、4 字节
读供电方式	B4H	读 DS18B20 的供电模式。寄生供电时 DS18B20 发送 0，外接电源供电时 DS18B20 发送 1

每一个步骤都有严格的时序要求，所有时序都是将主机作为主设备，单总线器件作为从设备。而每一次指令和数据的传输都是从主机主动启动写时序开始，如果要求单总线器件回送数据，在写指令后，主机需启动读时序完成数据接收。数据和指令的传输都是低位在前。

时序可分为初始化时序、读时序和写时序。复位时要求主 CPU 将数据线下拉 500µs，然后释放，DS18B20 收到信号后等待 15～60µs，发出 60～240µs 的低电平，主 CPU 收到此信号则表示复位成功。

读时序分为读 0 时序和读 1 时序两个过程。对于 DS18B20 的读时序是从主机把单总线拉低之后，在 15µs 之内就得释放单总线，让 DS18B20 把数据传输到单总线上。DS18B20 完成一个读时序过程至少需要 60µs。

对于 DS18B20 的写时序仍然分为写 0 时序和写 1 时序两个过程。DS18B20 写 0 时序和写 1 时序的要求不同，当要写 0 时，单总线要被拉低至少 60μs，以保证 DS18B20 能够在 15μs 到 45μs 之间正确地采样 I/O 总线上的 0 电平；当要写 1 时，单总线被拉低之后，在 15μs 之内就得释放单总线。

10.2.4 DS18B20 与单片机的接口

DS18B20 可采用外部电源供电，也可采用内部寄生电源供电。可单片连接形成单点测温系统，也能够多片连接组网形成多点测温系统。在多片连接时，DS18B20 必须采用外部电源供电方式。DS18B20 通常与单片机有以下连接方式。

图 10.7 所示为单片寄生电源供电方式，在寄生电源供电方式下，DS18B20 从单线信号线上汲取能量，在信号线 DQ 处于高电平期间把能量储存在内部电容器里，在信号线处于低电平期间消耗电容器上的电能工作，直到高电平到来再给寄生电源（电容器）充电。寄生电源供电方式有 3 个好处：①进行远距离测温时，无须本地电源；②可以在没有常规电源的条件下读取 ROM；③电路更加简洁，仅用一根 I/O 接口线来实现测温。

图 10.8 所示为单片外部电源供电方式。在外部电源供电方式下，DS18B20 工作电源由 V_{DD} 引脚接入，GND 引脚接地。

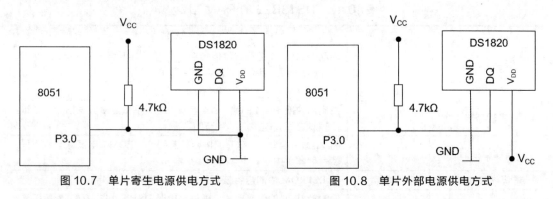

图 10.7　单片寄生电源供电方式　　　　图 10.8　单片外部电源供电方式

图 10.9 所示为外部供电方式的多点测温电路，多个 DS18B20 直接并联在唯一的三线上，实现组网多点测温。

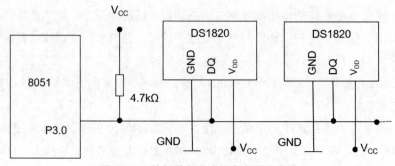

图 10.9　外部供电方式的多点测温电路

C 语言部分接口程序代码如下。

```c
#include<reg51.h>
#include<intrins.h>
#define uchar unsigned char
#define uint unsigned int
sbit DQ=P3^0;                    //定义 DS18B20 数据线
uchar DATA_L, DATA_H;            //存放读出的 DS18B20 的 12 位编码
uchar NUM1,NUM2;                 //定义存放读 ROM 的编号，存放显示通道的编号
//延时函数
void delay(uint useconds)
{
  for(;useconds>0;useconds--);          //DS18B20 复位
}
void ds18b20_init (void)
{
  while(1)
  {
    DQ=1; _nop_();_nop_();
    DQ=0;delay(50); DQ=1;delay(3);
    if(!DQ) {delay (25);break;}
    DQ=0;                              //否则再发生复位信号
  }
}
//从单总线上读取一个字节
uchar read_byte(void)
{
  uchar i;
  uchar value=0;
  DQ=1; _nop_();_nop_();
  for(i=8;i>0;i--)
  {
    value>>=1;
    DQ=0;_nop_();_nop_();_nop_();
    DQ=1; delay(1);
    if (DQ)value|=0x80;
    delay(6);
  }
  return(value);
}
//向单总线上写一个字节
void write_byte(uchar val)
{
  uchar i;
  DQ=1; _nop_();_nop_();
  for (i=8; i>0; 1--)                              //一次写 1 字节
  {
    DQ=0;
    DQ =val&0x01; delay(5); DQ=1; val=val/2;
  }
  delay(5);
}
```

【任务实施】

一、总体方案设计

单片机多点温度测量系统，主要包括单片机最小系统，以及功能按键、LCD1602 显示模块、4 个 DS18B20 模块组成的硬件和相应的软件部分，其系统方框图如图 10.10 所示。

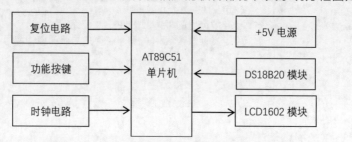

任务 10.2　任务实施

图 10.10　单片机多点温度测量系统的方框图

二、硬件电路设计

用 Proteus 绘制的单片机多点温度测量系统的硬件电路如图 10.11 所示。单片机系统由 AT89C51 单片机、复位电路和时钟电路组成，时钟采用 12MHz 的晶振。

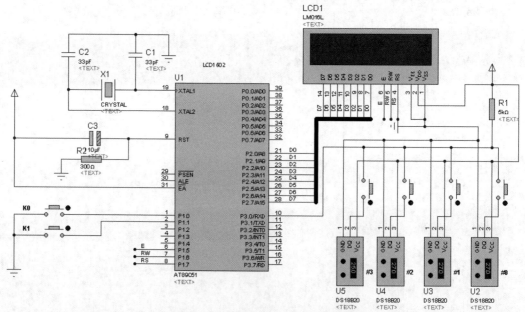

图 10.11　单片机多点温度测量系统硬件电路

多点温度测量模块使用了 4 个温度传感器 DS18B20，单总线结构，外部电源供电方式，所有 DS18B20 的 DQ 连接在一起与单片机的 P3.0 相连，通过上拉电阻器接电源。每一个 DS18B20 都有一个唯一的 64 位 ROM 地址，只要发送相应的 ROM 地址就能访问该器件（要访问某个 DS18B20，就必须知道它的 64 位 ROM 地址）。可以通过程序读出它们的 ROM 地址。由于读 ROM 地址时，一次只能接入一个 DS18B20，因此 4 个 DS18B20 的数据线 DQ 通过按键连接到 AT89C51 的 P3.0。系统测量温度之前要读入 4 个 DS18B20 的 ROM 地址，然后才能正常地测出温度值，因此设置了一个模式按键 K0，按键被按下时读 DS18B20 的 ROM

地址，断开后正常测温。

显示器采用 LCD1602（LM016L），其数据线与 AT89C51 的 P2 口相连，RS 与 P1.7 相连，R/W 与 P1.6 相连，E 端与 P1.5 相连。设定按键 K0 与 AT89C51 的 P1.0 相连，用于定义开关功能；按键 K1 与 AT89C51 的 P1.1 相连，用于选择 DS18B20，按一次测量点号加 1，对相应的 DS18B20 进行处理。

三、软件设计

（1）软件设计总体思路

单片机多点温度测量系统的软件程序主要由主程序、读 DS18B20 器件 ROM 地址程序、显示 DS18B20 器件 ROM 地址程序、读 DS18B20 器件温度值程序、显示 DS18B20 器件温度值程序和 LCD、DS18B20 器件驱动程序等组成。

① 主程序

主程序中首先做 LCD 初始化，其次通过检测按键判断是读 DS18B20 的 ROM 地址还是读 DS18B20 的温度值，如果是读 ROM，则依次调用读 ROM 程序和显示 ROM 程序；如果是读温度，则调用测量温度程序和显示温度程序。注意测量某个模块之前一定要读出该模块的 ROM 并保存到相应的存储单元。

② 读 DS18B20 器件 ROM 地址程序

K0 按键被按下，读 ROM 地址，一次只能把一片 DS18B20 连接到单总线上，读 DS18B20 器件 ROM 地址程序实现把当前连接到总线上的 DS18B20 的 ROM 地址读出。读 DS18B20 器件 ROM 地址程序处理过程如下：先计算存放当前 DS18B20 的 ROM 地址的存储单元的偏移地址，然后依次进行 DS18B20 初始化、发读 ROM 指令和读 ROM 地址到存储单元。

③ 显示 DS18B20 器件 ROM 地址程序

显示 DS18B20 器件 ROM 地址程序实现依次从当前存放 ROM 地址的缓冲区中取出地址显示。

④ 读 DS18B20 器件温度值程序

K0 按键未被按下，读 DS18B20 器件温度值程序实现读出选中器件的温度值，处理过程如下：根据当前器件号计算出存放 ROM 地址的偏移量，读选中 DS18B20 器件温度值处理过程分 3 个步骤，第一步是向总线放启动温度值转换指令，启动连接总线上的 DS18B20 器件温度值转换，由于 12 位 DS18B20 温度值转换时间比较长，因此启动转换后一定要调用延时程序等待转换完成才能去读温度值；第二步取当前 DS18B20 器件的 64 位 ROM 地址，发送到总线匹配对应的 DS18B20 器件；第三步向总线发读暂存器指令读匹配的 DS18B20 器件转换的温度值。

⑤ 显示 DS18B20 器件温度值程序

显示 DS18B20 器件温度值程序显示读出的温度值及相应提示信息。DS18B20 的温度值是 12 位，存放在两个字节中，其中高字节的高 5 位为符号位，如果温度值是正数，则符号位为 0；如果温度值是负数，则符号位为 1。显示 DS18B20 器件温度值程序处理时，先根据高字节的高 5 位判断是正数还是负数，如果是正数，则提取其中的百位数、十位数、个位数及小数，转换成字符编码放入相应的显示缓冲区；如果是负数，则提取其中的负号（-）、十位数、个位数及小数，转换成字符编码放入相应的显示缓冲区；最后把显示缓冲区的内容显示到 LCD 显示器。

（2）程序设计与实现

C 语言源程序代码参考如下。

```c
//K0 按键被按下，通过 K1 按键依次读入 4 个 DS18B20 的 ROM 并显示
//K0 按键未被按下，通过 K1 按键依次读入 4 个 DS18B20 的温度值并显示
#include<reg51.H>
#include<intrins.h>
#define uchar unsigned char
#define uint unsigned int
sbit DQ=P3^0;                        //定义 DS18B20 数据线
sbit EN=P1^5; sbit RW=P1^6;
sbit RS=P1^7;                        //定义 LCD 的控制线
sbit K0=P1^0;
sbit K1=P1^1;           //定义模式按钮，K0 按键未被按下，显示温度；K0 按键被按下，读 ROM；
                        //定义通道选择键
uchar DATA_L,DATA_H;                 //存放读出的 DS18B20 的 12 位编码
uchar NUM1,NUM2;                     //定义存放读 ROM 的编号，存放显示通道的编号
//存放 4 个 DS18B20 的 64 位 ROM 地址
//第 0～7 单元存放第一个 DS18B20，第 8～15 单元存放第二个 DS18B20
//第 16～23 单元存放第三个 DS18B20，第 24～31 单元存放第四个 DS18B20
uchar rom[32];
uchar code LCDData[] ="0123456789";          //定义 0～9 的字符编码
uchar code dot_tab[] ="0112334456678899";    //定义小数位的对应字符编码
uchar LCD1_line[16]="ADDR: ";                //LCD 显示第一行
uchar LCD2_line[16]="TEMP: ";                //LCD 显示第二行
//LCD 检查忙函数
void fbusy()
{
    P2=0xff; RS =0; RW= 1; EN=1; EN=0;
    while((P2 &0x80))
    { EN=0; EN= 1; }
}
//LCD 写命令函数
void wc5lr(uchar j)
{
    fbusy(); EN=0; RS=0; RW=0; EN=1; P2=j; EN=0;
}
//LCD 写数据函数
void wc51ddr(uchar j)
{
    fbusy();                //读状态;
    EN=01;RS=1; RW=0; EN=1;
    P2=j;
    EN=0;
}
//LCD1602 初始化
void lcd_init()
{
    wc5lr(0x01);            //清屏
    wc5lr(0x38);            //使用 8 位数据，显示两行，使用 5×7 的字型
    wc5lr(0x0c);            //显示器开，光标开，字符不闪烁
    wc5lr(0x06);            //字符不动，光标自动右移一格
}
```

```
//延时函数
void delay(uint useconds)
{
    for(;useconds>0;useconds--);
}
//DS18B20 复位
void ds18b20_init(void)
{
    while(1)
    {
    DQ=1; _nop_();_nop_();
    DQ=0;delay(50); DQ=1;delay(3);
    if(!DQ) {delay (25);break;}
    DQ=0;                       //否则再发复位信号
    }
}
//从单总线上读取一个字节
uchar read_byte(void)
{
    uchar i;
    uchar value=0;
    DQ=1; _nop_();_nop_();
    for(i=8;i>0;i--)
    {
            value>>=1;
            DQ=0;_nop_();_nop_();_nop_();
            DQ=1; delay(1);
            if (DQ)value|=0x80;
            delay(6);
    }
    return(value);
}
//向单总线上写一个字节
void write_byte(uchar val)
{
    uchar i;
    DQ=1; _nop_();_nop_();
    for (i=8; i>0; i--)         //一次写 1 字节
    {
            DQ=0;
            DQ =val&0x01; delay(5); DQ=1; val=val/2;
    }
    delay(5);
}
//读出总线上的 DS18B20 器件的 ROM 地址，存入指定的 ROM 单元
void read_rom()
{
    uchar i,j;
    j=NUM1*8;                   //计数当前 DS18B20 器件 ROM 的偏移地址
    ds18b20_init();
    write_byte(0x33);           //发读 ROM 命令
    for(i=0;i<8;i++)
    {
```

```
                        rom[j+i]=read_byte ();
        }
}
//显示读出的 DS18B20 器件的 ROM 地址
void disp_rom()
{
    uchar k,j;
    uchar temp,temp1,temp2;
    LCD1_line[6]=LCDData [NUM1];


    wc5lr(0x80);                    //写入显示缓冲区起始地址为第一行、第一列
    for(k=0;k<16;k++)               //显示第一行
    {   wc51ddr(LCD1_line[k]);   }
    j=NUM1*8;                       //计数当前 DS18B20 器件 ROM 的偏移地址
    wc5lr(0xc0);                    //写入显示缓冲区起始地址为第二行、第二列
    for(k=0;k<8;k++)                //第二行显示读出的 DS18B20 器件的 ROM 地址
    {
            temp=rom[j+k];
            temp1=temp/16;
            temp2=temp%16;
            if (temp1>9) temp1=temp1+0x37;
            else temp1=temp1+0x30;
            if (temp2>9)temp2=temp2+0x37;
            else temp2=temp2+0x30;
            wc51ddr(temp1);
            wc51ddr(temp2);
    }
}
//读选中的 DS18B20 器件的温度值
void read_temp()
{
    uchar i,j;
    j=NUM2*8;                       //计数当前 DS18B20 器件 ROM 的偏移地址
    ds18b20_init();                 //DS18B20 初始化
    write_byte (0xcc);              //跳过 ROM 命令
    write_byte(0x44);               //启动温度值转换
    delay(400);
    ds18b20_init();                 //DS18B20 初始化
    write_byte(0x55);               //发匹配命令
    for(i=0;i<8;i++)                //送入匹配的 64 位 ROM 地址
    {   write_byte(rom[j+1]);
    }
    write_byte(0xbe);               //发送读取暂存器指令
    DATA_L=read_byte();             //读出温度值低字节
    DATA_H=read_byte();             //读出温度值高字节
}
//显示匹配的 DS18B20 器件的温度值
void disp_temp()
{
    uchar k;
    uchar temp;
    LCD1_line[6]=LCDData[NUM2];
```

```
    wc5lr(0x80);                    //写入显示缓冲区起始地址为第一行、第一列
    for (k=0;k<16;k++)              //第一行显示"
    { wc51ddr(LCD1_line[k]);}
    wc5lr(0xc0);                    //写入显示缓冲区起始地址为第二行、第一列
    if((DATA_H&0xf0)==0xf0)         //如果温度寄存器中的高位为1，则温度值为负
    {
            DATA_L=~DATA_L;         //温度值为负时将补码转成二进制，取反再加1
            if(DATA_L==0xff)
    {
            DATA_L=DATA_L+0x01;
            DATA_H=~DATA_H;
            DATA_H=DATA_H+0x01;
    }
    else
    {
            DATA_L=DATA_L+0x01;
            DATA_H=-DATA_H;
    }
            LCD2_line[10]=dot_tab[DATA_L&0x0f];        //查表得温度值的小数位的值
            temp=((DATA_L&0xf0)>>4)|((DATA_H&0x0f)<<4);
            LCD2_line[6]='-';                          //显示 "-"
            LCD2_line[7]=LCDData[(temp%100)/10];       //查表得负温度值的十位数
            LCD2_line[8]=LCDData[(temp%100)%10];       //查表得负温度值的个位数
    }
    else                                               //温度值为正
    {
            LCD2_line[10]=dot_tab[DATA_L&0x0f];        //查表得温度值的小数位的值
            temp=((DATA_L&0xf0)>>4)|((DATA_H&0x0f)<<4);
            LCD2_line[6]=LCDData[temp/100];            //查表得温度值的百位数
            LCD2_line[7]=LCDData[(temp%100)/10];       //查表得温度值的十位数
            LCD2_line[8]=LCDData[(temp%100)%10];       //查表得温度值的个位数
    }
    LCD2_line[9]='.';
    for(k=0;k<16;k++)                                  //第二行显示温度值
            { wc51ddr(LCD2_line[k]); }
}
void main( )                        //主函数
{
    NUM1=0;NUM2=0;                   //编号初始化为 0
    lcd_init();                     //LCD 初始化
    while (1)
    {
        if(K0==0)                   //判断读 ROM 还是显示温度值
        {
        if(K1==0)                   //读 ROM，默认读 0 号，按一次 K1 编号加 1
        {
            while(K1==0);
            NUM1++;if(NUM1==4) NUM1=0;  //如果加到 4，则回到 0
        }
        read_rom();                 //读当前 ROM 的数值并保存
        disp_rom();                 //显示当前 ROM 的数值
        }
        else
```

```
                    {
                    if(K1==0)                       //显示温度值，默认显示0号，按一次K1编号
                    {
                    while(K1==0);
                    NUM2++;if(NUM2==4) NUM2=0;       //如果加到4，则回到0
                    }
                    read_temp();                    //读当前匹配DS18B20的温度值
                    disp_temp();                    //显示当前匹配DS18B20的温度值
                    }
            }
}
```

利用 Proteus 仿真软件对系统进行电路仿真，如图 10.12 所示。

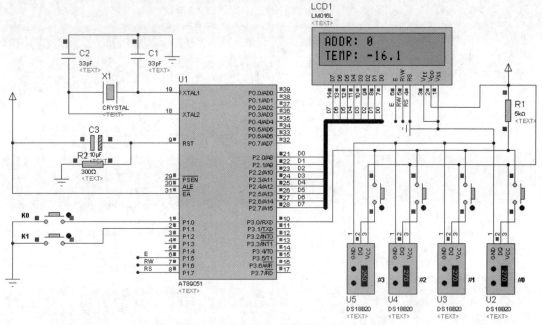

图 10.12　单片机多点温度测量系统电路仿真

四、系统调试

1．硬件调试

硬件是系统的基础，只有硬件能够全部正常工作后才能在此基础上加载软件，从而实现系统功能。

电源部分提供整个电路所需的各种电压，因此，首先确定电源电压是否正确，其次确定单片机的电源引脚电压是否正确，然后确定是不是所有的接地引脚都接了地。如果单片机有内核电压的引脚，需测试内核电压是否正确。随后测量晶振有没有起振，一般晶振起振时两个引脚都会有 1V 左右的电压。接着检查复位电路是否正常。注意测量单片机的 ALE 引脚，看是否有脉冲波输出（51 单片机的 ALE 引脚信号为地址锁存信号，每个机器周期输出两个正脉冲），从而判断单片机是否工作。最后检查数码管是否完好或接好。

2．软件调试

如果检查硬件电路后确定没有问题却实现不了设计要求，则可能是软件编程的问题。首

先应检查主程序，然后是分段程序，要注意逻辑顺序、调用关系，以及涉及的标号，有时会因为一个标号而影响程序的执行。除此之外，还要熟悉各指令的用法，以免出错。还有一个容易忽略的问题，即源程序生成的代码是否已输入单片机中，如果这一过程遗漏，那肯定不能实现设计要求。

3. 软硬件联调

软件调试主要是在编写系统软件时涉及，一般使用 Keil 进行软件的编写和调试。编写软件时首先要分清软件应该分成哪些部分，不同的部分分开编写调试是最方便的。

在硬件调试和软件调试均正确的前提下，再进行软硬件联调。首先将调试好的软件通过下载器下载到单片机，然后上电查看运行结果。观察系统是否达到预期设计效果，如果未达到，先利用示波器观察单片机的时钟电路，看是否有信号，因为时钟电路是单片机工作的前提，所以一定要保证时钟电路正常。如果不能分析出是硬件问题还是软件问题，就重新检查软硬件及接线。一般情况下硬件问题可以通过万用表等工具检测出来，如果硬件没有问题，则必然是软件问题，就应该重新检查软件，重复上述过程，直至达到预期设计效果。

【任务总结与评价】

1. 任务总结

本任务以单片机最小系统为基础，片外配置按键、显示模块、温度传感器芯片 DS18B20 共同构成硬件系统；再通过软件编程，实现多点温度的测量。系统经仿真调试，实现了通过选择不同的按键测量不同点当前温度值的功能，达到了多点测量温度的设计目的。

2. 任务评价

本任务的考核评价体系如表 10.13 所示。

表 10.13　任务 10.2 考核评价体系

班　　级		项目任务			
姓　　名		教　　师			
学　　期		评分日期			
评分内容（满分 100 分）			学生自评	同学互评	教师评价
专业技能 （70 分）	理论知识（20 分）				
	硬件系统的搭建（10 分）				
	程序设计（10 分）				
	仿真实现（20 分）				
	任务汇报（10 分）				
综合素养 （30 分）	遵守现场操作的职业规范（10 分）				
	信息获取的能力（10 分）				
	团队合作精神（10 分）				
各项得分					
综合得分 （学生自评 30%，同学互评 30%、教师评价 40%）					

参 考 文 献

［1］何琼，黄贻培．单片机原理与应用［M］．上海：华东师范大学出版社，2014．

［2］何琼，肖春华．单片机原理与应用［M］．北京：高等教育出版社，2021．

［3］汤嘉立．单片机应用技术实例教程（C51 版）［M］．北京：人民邮电出版社，2014．

［4］孙立书．51 单片机应用技术项目教程（C 语言版）［M］．北京：清华大学出版社，2015．

［5］王宇，张斌，薛君．单片机应用项目化教程［M］．长沙：湖南师范大学出版社，2022．

［6］郭增富，薛君．单片机应用技术［M］．武汉：华中科技大学出版社，2017．

［7］董国增，邓立新．单片机原理及应用（C51 语言）［M］．2 版．北京：清华大学出版社，2020．

［8］秦志强．C51 单片机应用与 C 语言程序设计——基于机器人工程对象的项目实践［M］．3 版．北京：电子工业出版社，2016．

［9］陈贵银．51 单片机技术应用教程（C 语言版）（活页式）［M］．北京：人民邮电出版社，2022．

［10］郭天祥．新概念 51 单片机 C 语言教程：入门、提高、开发、拓展全攻略［M］．2 版．北京：电子工业出版社，2018．